1

U0382737

建筑设计入门 123 之 1

徒手线条表达

贾 东 著

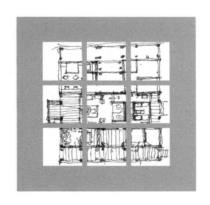

中国建筑工业出版社

图书在版编目（CIP）数据

徒手线条表达／贾东著．—北京：中国建筑工业出版社，2013.7
（建筑设计入门123之1）
ISBN 978-7-112-15546-0

Ⅰ. ①徒…　Ⅱ. ①贾…　Ⅲ. ①建筑设计－绘画技法　Ⅳ. ① TU204

中国版本图书馆CIP数据核字（2013）第136912号

责任编辑：唐　旭　吴　绫
责任校对：党　蕾　刘　钰

建筑设计入门123之1

徒手线条表达
贾　东　著
＊
中国建筑工业出版社出版、发行（北京西郊百万庄）
各地新华书店、建筑书店经销
北京嘉泰利德公司制版
北京云浩印刷有限责任公司印刷
＊
开本：787×1092毫米　1/20　印张：10　字数：193千字
2013年7月第一版　　2013年7月第一次印刷
定价：**35.00元**
ISBN 978-7-112-15546-0
　　　　（24129）

前言　线条魅力与表达

线条，其实是不存在的。苹果是一个球体，杯子是一个柱体。一把剑，其实是扁平的多棱体。就连那长鞭的尾梢，也不过是一段柔软的、修长的变截面圆柱体。

线条，又是无所不在的。把柔软的布匹裁剪为衣服要在布匹上弹出线，造一艘大船离不开尺规，线加上刻度就是一把尺子，而那圆圆的苹果在我们幼小的图画中是一个交圈不太好的弧线。2008 年北京奥运会的"水墨画"，人舞笔飞所过，是若干长长短短、宽宽窄窄、柔柔硬硬的线条。

线是几何学的基石之一。

线条，是文明发展到一定程度产生的文明的表达。无须多说线条是中国绘画的基础，也不必在此论证线条是东方审美的第一要素，倒是先坦言线条在表达上也决非万能。却再说，对房子和城市，线条的魅力是可以层层渐进而入佳境的。

线条的魅力来自其简单而有力的容易实现的特点。当某一物体在某一基底上产生异于基底的变化时，线条便出现了，例如一块石头在岩壁上的刻划产生的最早的壁画。这样的简而快，凝固了我们的观察，物化了我们的想象，十分伟大。

线条之魅力，有以下五层含义：

其一，简快描形。一个球，一段弧线，一个立方体，几条线就表达了。用的是笔或类似笔的杆状物，只要这杆状物可在纸上表现出与纸有异来，便可称之为笔。当然，钢笔是很好的工具之一。这是线条魅力的第一层，描形。

其二，有取有舍。一个立方体上开一个洞，表现它，一刹那；一个立方体上开百个洞，却无须一百刹那。有取有舍，概而不僵，这是线条魅力的第二层，取舍。

其三，东腾西挪。此山有雾，彼峰在云，溪有湍流，用相机取来，或不可涵有，或太大太小，而线条的魅力便在半尺之间，容纳得彼岸三山。这是线条魅力的第三层，腾挪。

其四，选造有致。一直圆柱，上一弧线，侧两直线；旁植连翘，千枝万叶，笔不透风，形成浓淡上的对比和视觉上的有趣，却更突兀出柱子的简洁挺拔。这是线条魅力的第四层，有致。

其五，枯笔呈色。左一笔长，右一笔短，短短长长，长长短短。有时，钢笔是一种连深与浅的灰度也并没有的工具，却在疏密、长短、弧直之间，让人感到空气和阳光，呈现出五彩之色。这就是线条魅力的第五层，呈色。

至此，线条的魅力，因其简与力，有描形、取舍、腾挪、有致、呈色五层。而线条表达之意义，却不等同于线条之魅力。线条表达是三个问题的落脚点：

其一，怎样快速描绘和记录？从大学一年级开始，从开始学习专业课开始，面对丰富多彩的形态世界和丰富的想象，照相机是有限制的，怎样快速表达我们看到的和想到的？

其二，怎样画草图？开始做自己的设计了，要画草图，怎样去画？

其三，怎样做快题？临近毕业，寻找工作，几乎所有的应聘都要做快题，研究生、博士研究生入学考试大多也大都需要快题设计。如何把快题做好？

这三个问题，互相交织，彼此牵连，既是表达手法的问题，也是设计方法的问题，而其共同点可以在很大程度上，一定范围内归结到徒手线条表达上来。笔者认为有必要从表达手法与设计手法相结合的角度，朴素而平实地与大家探讨，这就是本书撰写的初衷。

本书包含了三部分内容：

第一部分阐述徒手线条表达画什么的问题，笔者认为，建筑设计学习的徒手线条应主要来画建筑形体本身，而不是附属的人、车、树等景物。这是始终贯彻全书内容的核心和主线。

第二部分阐述徒手线条表达如何画的问题，笔者认为，建筑设计学习的徒手线条应围绕着设计思路的发展和演变来画。线条表达必须与设计相结合，才是提高快题设计能力的根本途径。

第三部分阐述徒手线条如何提高的问题，笔者认为，要注重长时段乃至几个星期的题目训练，要注重不同的设计内容和尺度的训练。在表达与设计的综合训练中自然出现自己的风格。

专注是最大的技巧，而专注多自寂寞。

贾 东

2008 年（农历戊子鼠年）教师节于北方工业大学

目 录

第一部分 线条、形体、严谨——给我们的手自信

第二部分　草图、思考、互动——让我们的手勤奋

第三部分　快题、风格、意境——让我们的手自在

第一部分　线条、形体、严谨
——给我们的手自信

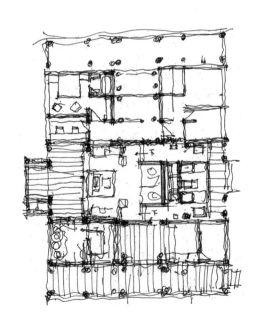

1　从轻松中开始

万事开头难，而对于徒手线条表达，开始应该是轻松的。

1.1　开始本身是最重要的

开始本身是最重要的，不要过多计较用什么笔、用什么纸。

徒手线条表达对工具要求简单，一支笔一张纸足矣。

笔是什么？是我们灵巧的手的延伸，是我们观察与思考的迸发；

纸是什么？是我们智慧眼睛的景框，是我们观察与思考迸发的承受平面。

树枝、石子、我们的肢体都可以作笔，墙壁、沙滩、大地都可以作纸。

从轻松中开始，也不是从虚无中开始。

工具并非无足轻重。

1.2　基本的笔

说一下基本的笔、纸及其他工具。

笔有铅笔、炭笔、彩色铅笔、钢笔、签字笔、针管笔、马克笔、毛笔等，种类繁多。

铅笔是徒手线条表达的通用工具，用它可以画从粗到细、从深到浅的单色线条，还可以清晰表达明暗与肌理层次。铅笔可以不断擦除修改，容易入门。铅笔有各种型号，对于徒手线条表达，可以选择 HB 以上的铅笔，以 2B 最为常用。

炭笔、彩色铅笔都可归于铅笔类，炭笔色调沉稳，彩色铅笔颜色丰富，却都存在笔芯易断且笔迹不便擦除修改的不足之处，因而使用者可以常备一个削笔刀。

钢笔也是徒手表达的通用工具，可以把签字笔、针管笔、美工笔等都包含在钢笔类中。

钢笔大类从墨水配置方式上可以分为一次型、换芯型、灌水型；从笔尖粗细上可以分为粗细适中、超细或超粗、粗细可变几种。目前，可以选择的种类很多，且不断有新品出现。对于徒手线条表达，钢笔选用粗细适中、略微偏细、粗细不变的为好。可以再准备一枝粗细可变的，但不建议以此为首选。

马克笔拥有独特的优越性，色彩绚丽而流畅，与钢笔类墨线结合使用可强化效果并表现材质。大部分马克笔有粗、细两头，细头可以用作轮廓勾略，粗头可以用作色彩铺设。

各种工具都有自己的特性，关于各类笔的特点，可以在实践中进一步体会，绘画者可以从一种工具入手，娴熟后可以将各种工具配合使用。

对于徒手线条表达，明确建议选择两种最基本的笔：一把木杆铅笔，是一把而不是一枝，以 2B 为主；几枝粗细不变的钢笔类黑色笔，不仅要笔迹流畅，还要方便携带。

一句话，笔就是工具，简便好用即可。

1.3　基本的纸

纸，有复印纸、绘图纸、草图纸、硫酸纸等，有多种可供选择。

纸的形式有单张、卷轴、本册各种方式，本册以速写本多见。

对于徒手线条表达，复印纸很普遍、很通用。复印纸光滑程度与吸墨程度都适中，方便各种笔在上面画流畅线条。它裁切整齐，单张厚薄均匀，多张轻重合适，便于大量携带和使用。A4 大小的复印纸，购买方便，大小适中，便于使用、整理、复印、存放，可以常备。

还可以常备两本速写本。

第一本速写本的选择，大小接近 A3，有封皮保护、稍大一些、纸张稍厚重，用以画一些比较大而正式的图，便于长时间保存和自己回看。

第二本速写本的选择，大小不限，便于自己随时携带，可以在上面随意涂画，与专业学习笔记结合起来，或者以徒手线条表达为主来记录自己的学习历程。

什么都画的本子看起来显得凌乱，但一本一本累积起来，其意义不可估量。

几年过去，拥有自己亲手画满、写满的一摞纸、一摞本子，保留下来，有时翻翻看看，有时再画一下，回味无穷，很有意义。

1.4 稍微难用的针管笔

针管笔稍微难用一些，其弹性逊于普通钢笔，粗细变化逊于美工笔，但对于徒手线条表达而言，针管笔也是一种通用工具。

针管笔有普通钢笔的特点：便于携带、线条清晰。

针管笔还有一定优势：表达形体更清晰；绘制平、立、剖图时便于与尺规结合；绘制透视图时，便于在用笔风格上与平、立、剖图相一致。这就决定了它在日常训练、正式制图、快题考试中的实用性。

图 01-01 JD1988 春季调研报告插图——五台山"木鱼"（右图，针管笔线条）

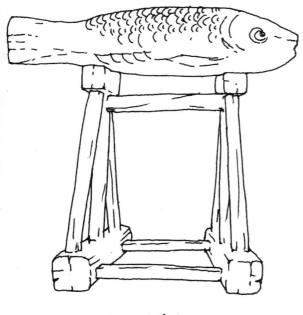

显通寺客堂旁木鱼

碧山寺雷音宝殿外木鱼

图 01-01

1.5 经典的炭笔与草图纸

炭笔和草图纸的组合使用有一定的历史，是各种笔与纸组合中的经典。

炭笔，较之铅笔，有两个特点：其一，笔迹深沉，没有反光；其二，难削易断。

炭笔线条也能够非常细腻，且不易被擦掉。有时，炭笔的优势比铅笔要大。

草图纸，薄而透明。较之更透明的硫酸纸，草图纸更薄、更柔软，更容易服帖地铺展开。

坐下来，面对一张平整无物的桌面，或在图板上裱一张绘图纸，铺开几张柔软而服帖的草图纸，拿一枝削得尖细适度而干净的炭笔，面对草图纸，就像面对一个舞台，画出一条线，有沙沙的声音，再画出一条线，便开始用线条编制一个故事。

这一个故事有了问题，变得令自己不再满意，或者有更好的故事与情节在自己的头脑出现，再拿一张草图纸铺在上面，又一个舞台就出现了，再画出一条线，开始新的故事、新的情节。

在这个过程中，为了不打断自己的思路，需要一把削得尖细适度而干净的炭笔。

削炭笔，是一种很好的准备和酝酿、休息和调整，甚至是一种修养。

一句话，一把炭笔，一摞草图纸，是乐于徒手线条表达者之常备。

在讨论和讲解设计作业时，可以把草图纸蒙在作业上讲解修改，而不是在作业上直接修改，这种方式既保留了学习过程与设计历程，也便于进行方案对比。多准备一些草图纸，一沓或一卷，可以一张接一张拓印修改。

也可以常备一把木杆铅笔、几枝针管笔、一包复印纸、几个速写本。

同时，对其他工具，从马克笔到毛笔，保持一种不断尝试开放使用的态度。

图 01-02　JD1985 临摹苏州园林——狮子林平面（右图，炭笔在草图纸上绘制）

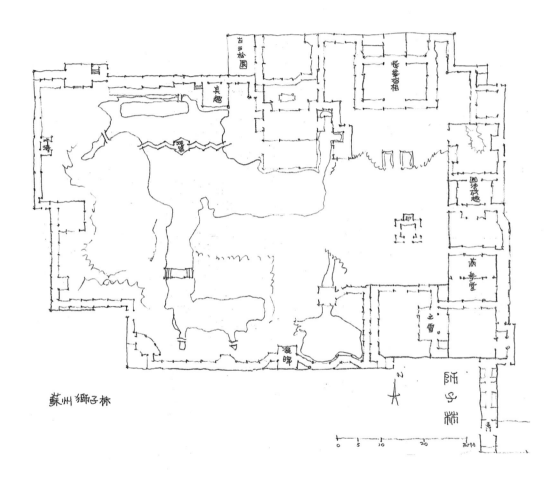

苏州狮子林

图 01-02

1.6 尺规、图板、工作面

本书所指的徒手，没有狭窄的范围定义，它包括使用尺规作为辅助工具，这也符合设计快题考试可以使用尺规的实际情况。

丁字尺，选用60厘米、90厘米规格的都可以。三角板，选用30厘米左右的规格比较合适，因为在快题设计中，30厘米规格的使用起来覆盖范围比较合适，既不因很大而妨碍使用，也不因很小而限制表达。一字尺如果与图板结合起来使用，会在一定程度上提高做整套快题时组织图纸的效率，可以一试。另外，对圆规、滚尺、图钉等辅助工具的使用，可以琢磨适于自己的方法。

要在拥挤的学习条件中，有意识地创造一个徒手线条表达的工作面，它可以在电脑桌的侧面，也可以与模型制作共用一张桌子。要有一个较大的展开平面，而不是局限于一个速写本的大小。可以用一张A1或A2的图板，在上面裱一张绘图纸。纸张裁得比图版稍微小一点，裱得平整干净，裱好后纸张比图板周边小3~5毫米，这样裱好的一张纸，有合适的弹性，可以用很长时间，在空间紧张的条件下，也便于收放。在其上铺上各种纸张绘制，非常方便，尤其草图纸铺上去，画起来感觉线条是有弹性的，很舒展。

一句话，随时准备好最基本的笔和纸，是一种专业素质。

1.7 我们的毛笔

毛笔是我们中国的传统书画的重要工具，是"文房四宝"之首。

以往毛笔使用广泛，现在毛笔使用很少，取而代之的是钢笔、签字笔之类的硬笔。其实，毛笔也可以用来作为徒手线条表达的工具，且有其他工具无法替代的特点与韵味。

图01-03 JD1992秋季欧式风格别墅设计方案透视（右图，毛笔线条）

别墅设计

嘉康 1992年8月

图 01-03

1.8　要明白线条所不及

在轻松开始的同时，也要明白，线条表达也不是全能的，也是有一定的局限性，徒手线条表达与人们想象中要表现的实际内容是有距离的。

徒手线条表达是二维图面，它用清晰的线条描述空间形态及相互关系，概括性强，也可以很细腻，但不能给人以绝对真实感。

素描则通过亮面、灰面、明暗交界线、暗面、反光来塑造物体的立体感、光感、质感。而在色彩、光感、质感等诸方面，摄影更是可以在一刹那凝固石膏的光影、水果的艳丽、大树的婆娑、云雾的缭绕。对于这些，徒手线条表达都很有局限性。

徒手线条表达是思维的过程描述，而照片是对现实的瞬间定格，两者有很强的差别性，并没有优劣之分，但各有侧重不同。

在实际设计工作中，电脑渲染效果图能很直观地反映工程实施后的情景，包括材料、色彩都能"一目了然"，是设计交流的一个重要手段，其作用值得肯定。这方面，徒手线条表达和经典的水墨渲染一样是很尴尬的。

同时，电脑渲染效果图因其"逼真"的虚拟图面能力，会给人以错觉，这种虚假的真实淡化了设计方案思维交流的真实，甚至演变为"为画而画"，"画得越像越好"。

而对于专业训练和设计方案思维交流，徒手线条表达的作用不可替代，即使在大量使用电脑的实际工程设计中，徒手线条表达的意义依然存在，而且变得越来越侧重思维呈现的萌芽状态与原创意义。

1.9 直奔形体去画

概括说来，徒手表达工具应该是可以持续使用、便于携带、表达清晰的。

持续使用：要保证工具状态持续完好，随时可用。钢笔及针管笔要灌好墨水，并有备用，还要随时注意笔头的养护；铅笔与炭笔要保持有削好的一把；马克笔与彩色铅笔可以选择自己喜欢的色系多备几支，等等，尽量不要让工具因素打断我们的思维。

便于携带：照相机与摄影机都不可能取代我们对实地实景的观察与思考，应该有重点地使用徒手线条记录，这种记录更多的是一些细部认知的过程记录，这个过程很重要，尤其对于建筑测绘学习来说。另外，讨论或开会，有什么好的想法，都可以随手记录下来。

表达清晰：徒手线条表达是学习者自己观察与思考的记录，也是与其他人沟通的媒介。清晰、简洁、明确的图面不仅有利于交流，更加有利于整理思路。增加图面的可读性是关键，而这个可读性应该是专业的。这就是建议首选笔迹清晰的工具的原因。

在轻松中开始，直奔形体去画。

在进行中，关注的应该是形体的大小，次之为物体的色彩。

在进行中，表达的应该是形体的关系，次之为构图的趣味。

在进行中，形成的应该是形体的边界，次之为透视的严谨。

开始以后，最关注的应该是形体的大小、关系、边界。

清晰地画是第一重要的，适当概括是第二位的，线条流畅是积累渐成的。

一句话，在轻松中开始，直奔形体去画。要轻松，要观察，要思考。

2 画一个房子

　　画什么？画一个房子。房子由各种形体组成，形体有边界，这就是线条。

2.1 明确地画出形体的边界

　　现实中，线条是什么？

　　任何物体实际上都是由若干三维形体组成的，而通过我们的分析，可以将其转化为若干二维形体，其边缘及交接，就出现了"边界"，这时的边界是三维走向的，而我们通过对这"三维异面边界"的分析，可以将其进一步转化为"二维同面边界"，这就是"线条"。

　　一句话，把三维形体转化为二维线条并落实在同一个二维平面上，这就是线条表达。

　　线条萃取过程是抽象的、概括的、有选择的，又是便捷的，其形成结果又是实在的。

　　线条萃取大大明确和推进了我们的思维，具有普遍意义，这就是线条具有持久生命力、线条表达被广泛运用的最根本原因。

　　在这个过程中，光泽、色彩、质感被适当地过滤掉了。

　　图 02-01 JD1984 秋季文化站设计草图——鸟瞰（右图）

　　时间：1984 年秋季（大学二年级）　　工具：炭笔、草图纸

　　本图是作者大学二年级第一学期的第一个设计，从这张图可以看到，从有素描关系的形体描述到高度概括的线条描述的转变，而在这个简单概括当中，线条的边界凸显出来。

　　从这张图可以明显看到线条表达的效率和它的准确性。

　　一句话，从轮廓开始，肯定地描绘出"边界"，将建筑形体特征非常明确地表达出来。

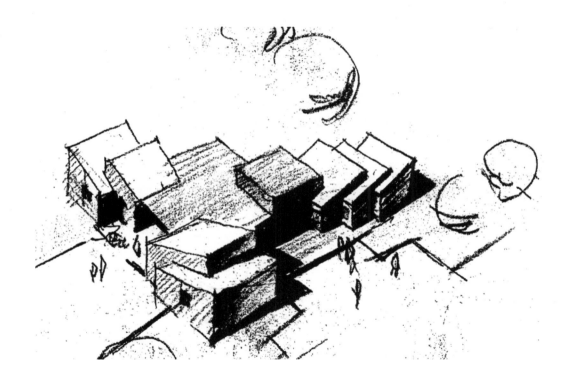

图 02-01

2.2　把形体边界的交叉点画准

　　徒手线条表达，应尽可能地把不同实体的相互关系表达清楚，而实体的相互关系往往落实在线条粗细与线条的交叉点上，最简单、有效的就是将线条的交叉点画得准确。

图 02-02　JD1984 秋季文化站设计草图——立面

时间：1984 年秋季（大学二年级）　　工具：炭笔、草图纸

　　较之前一张图，这个立面图更多地以线条表达为主，同时有意弱化建筑细部和植物，使建筑的形体轮廓成为视觉中心。如果这张图把中间若干部分的阴影去掉，我们依然能够清晰地表达各种形体关系，但如果把线条拿掉，只留下那一点点光影关系，就很难表达清楚各种形体关系。

　　一句话，运用清晰的线条描绘形体，适当强调立面轮廓。

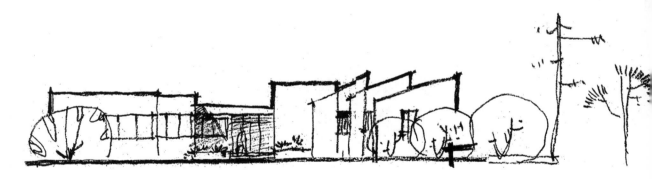

图 02-02

图 02-03　JD1984 秋季幼儿园设计草图——平面

时间：1984 年秋（大学二年级）　　工具：铅笔、草图纸

依靠铅笔的轻重浓淡关系来表示不同围合的边界，建筑主体的实体墙部分和小房间的边界用粗重的铅笔来表现，墙体与墙体的交接部分，画得稍显拙笨，而恰恰这种拙笨很好地表达了实体墙与结构柱的定位。用细而清晰的线条表达一些轻质的分隔墙和大面积开窗，用更加细而有些轻快的线条表达幼儿单元室外活动场地和整个幼儿园的场地边界。

一句话，用非常肯定甚至笨拙的线条将建筑空间边界加以肯定。

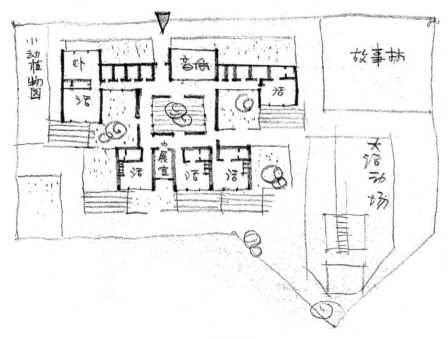

图 02-03

2.3 把不同形体的交接方式画清楚

线条表达是在二维的平面上表达三维的形体，所以透视图是经常用到的。鸟瞰是经常用到的一种透视方式，它可以把不同的形体及其各种空间关系在一个二维平面上很肯定地表达清楚。

图 02-04 JD1984 秋季幼儿园设计草图——鸟瞰 01（右图）

时间：1984 年秋（大学二年级） 工具：炭笔、草图纸

本图是视点在空中的两点透视，是鸟瞰的一种方式。这种方式运用得比较多，因为它可以比较准确地表达空间关系。如果再加一个竖向的灭点，改为视点在空中的三点鸟瞰透视，可以表现高楼大厦的高耸感，但在绘制上要复杂许多。而多层建筑一般不采用有竖向灭点的鸟瞰透视。

在草图设计阶段不一定追求草图透视的绝对精准，但要基本准确。

较之图 02-01，本图表达了更多的内容。幼儿单元用房，是幼儿园设计的主要内容。本图清晰表达了幼儿园各部分的形体、单元之间的相同关系、在相同之外的不同与变化。

本图在近景的塑造上表达得较为细致一些，而远景部分则稍微轻松一些。但是这种虚实变化不等同于素描那样注重空间感、进深感，而是以表达清晰为原则。

从所用线条的粗细浓淡来看，表达实体的东西（特别是建筑墙体、屋顶的部分），线条运用非常肯定，特别是外轮廓部分，线条比较粗重，而其他部分则稍微轻缓一些，在场地部分用比较轻细的线条来表示，而在庭院以及建筑周边的绿化部分则画得非常的轻松。

整个场地的边界采用轻灵的线条概括出来，轻灵的线条也要注重形体的基本准确。

这个鸟瞰图还加入一些人物，加这些人物不单纯是为了好看、好玩，而是强调建筑尺度和人在这些空间形体中的活动方式和内容。这种手法，我们将在图 02-05 中看得更清楚。

一句话，线条表达有浓重轻淡，皆以清晰地表达形体为目的。

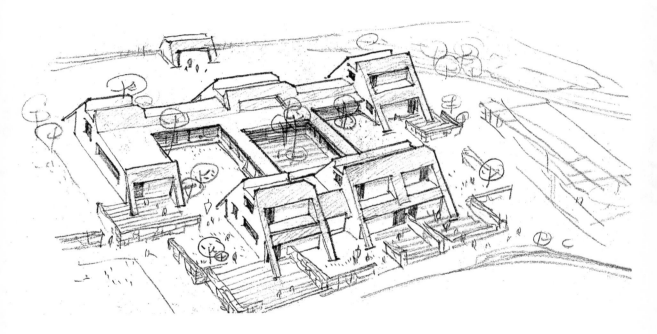

图 02-04

图 02-05　JD1984 秋季幼儿园设计草图——鸟瞰 02〔右图〕

时间：1984 年秋（大学二年级）　工具：炭笔、草图纸

本图是视点在空中的一点透视，也是鸟瞰的一种方式。

本图是在草图完成到一定程度上时，进行系统的形体整理。先使用尺规，完成透视关系，再脱离尺规，"纯"徒手使用炭笔，进行形体整理，并推敲表面材料，用比较密集的横向线条来表达墙面材料，完成作图。

徒手表达最基本的不在于本身线条的漂亮，而在于明确地去表达形体。每一个面、每一个折角、每一个边界都要交代清楚。两个坡屋顶交叉而成的形体，转化为"老虎窗"窗套，几个面的关系准确表达，这是线条表达最基本的内容。

在场地设计中进一步细化，有小的绿化、沙坑、矮墙等。活泼的儿童，有的在沙坑中玩耍，有的在矮墙上攀爬；肥胖可爱的阿姨正在呵护地训斥在矮墙上行走的孩子，要他小心；入口处的家长带着孩子刚来到幼儿园。这些，都使整个图面充满了轻松的生活氛围。

气氛的塑造，首先是要对建筑本身和所在环境进行比较准确和肯定的描绘。利用一些小的场景组织图面，增强图面的故事性，可以赋予图面灵动感，同时也阐述设计内涵，是设计内涵的进一步表达，其前提在于建筑的本身清晰和肯定。加入人物，特别是加入人物的活动，可以进一步诠释建筑空间和环境形体的内涵，从而活跃图面的气氛，而不是靠人物本身来塑造气氛。

对比图 02-04，本图表达的形体关系更加清楚。我们可以看到两个草图有许多相同之处，甚至有许多基本一致的地方，但在造型上发生了非常大的变化。

如果要对建筑本身和所在环境进行准确和肯定的描绘，只要在此基础上点缀人的活动，可以进一步诠释建筑空间和环境形体的内涵。

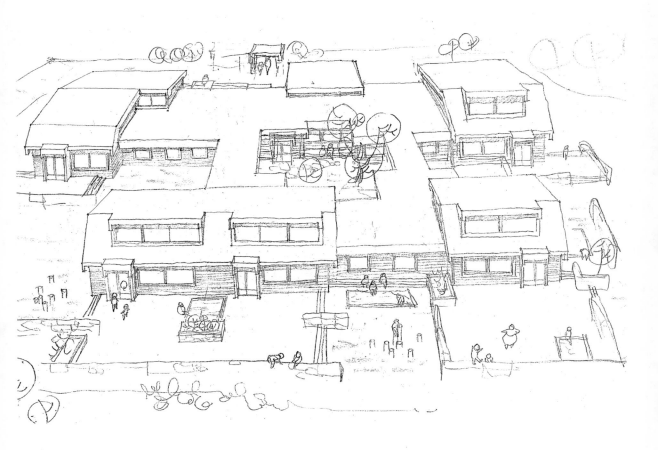

图 02-05

2.4　线条临摹的意义

任何学习，都是从无到有，一点一点积累的过程。这其中，临摹具有无法替代的作用。临摹好的建筑绘画与设计作品，是提高线条表达和设计涵养最直接的方法。

线条临摹的意义有三个：其一，直接学习别人已经成熟的方法和技巧，训练自己造型和表现的能力；其二，自己的线条表达及设计水平已经达到一定的程度又很难再提高时，临摹他人作品，也是一种突破的方法；其三，最重要的是，将临摹对象的形体结构学习下来。

对于徒手线条表达，好的临摹对象之共性是：形体要素经过过滤，分类归纳；组织方式经过修正，协调统一。一个好的临摹对象，其构成要素及其组织方式应该是很清楚的。

一句话，形体结构是形体要素及其组织方式，是线条临摹意义之所在。

以苏州园林为例，其构成要素多种多样，有建筑、小品、水体，植物等，非常丰富，小中见大，各种手法都浓缩在一起。而有一些很好的描绘范例，这些范例在形成过程中，已经进行了归纳与过滤，如墙体用粗实线表达，柱子用点来表达。点有圆点、方点，以及点的大小之别，栏杆用细实线表达，水面用曲曲弯弯的细线表达，等等。

这个归纳和过滤，很有意义，在临摹中体会这个归纳和过滤，对于初学者是非常有意义的。

图 02-06　JD1985 临摹苏州园林——留园平面（右图）

时间：1985 年秋（大学三年级）　工具：铅笔、草图纸

留园有许多空间组合，有长的，有方的，有对称的，有不对称的，而各空间组合之间有机组织，形成一个灵活而完整的形体序列，这些依靠单纯地读图是体会不到的，而用徒手线条的学习方式，可以在短时间内有所体会。

临摹佳作，在笔触行走之间，学习形体结构，体会时间与空间的交织。

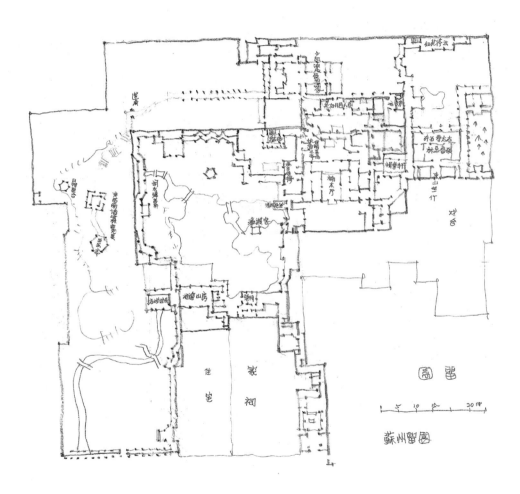

图 02-06

2.5 线条临摹的选材和方法

有的学习者认为，要选择线条帅气的作品临摹。其实，临摹对象选择的标准很简单：归纳过程有逻辑，形体结构清晰。就是看这个作品是否把建筑与建筑、建筑与场地、场地自身诸要素之间的分类表达清晰，归纳是否有序，得到肯定的答案后，才作为临摹之选。

选择临摹对象不要以线条帅气为唯一标准，而要以形体结构清晰为原则。

临摹苏州园林的这几张图都是使用 5B 铅笔或者炭笔绘制，其变化既有线条的粗和细，也有线条的轻和重。在画的过程中，用笔的轻重、缓急、粗细，确切地说是用线的粗细、浅重，把别人归纳的东西重新梳理和学习了一遍。

图 02-07 JD1985 临摹苏州园林——网师园平面（右图）

时间：1985 年秋（大学三年级） 工具：铅笔、草图纸

本图体现了铅笔线条深浅的运用，这也是这几张临摹图共有的特点。

深重而连续的线表示墙体，加重的点表示柱子，浅浅的线条表示半室外空间及廊子的边界、水的边界或者其他的部分边界。用铅笔笔触移动的轻重缓急，来体会不同的墙、柱子和其他。这种学习不一定精确，但是非常有意义、有效率的。

在网师园的临摹中，作者体会到了"方"和"趣"的组合方法，体会到房子形体的"正"与水面假山边界的"活"之间的呼应关系，还体会到各种墙体之间微妙的错位关系，还有柱子和墙之间形成的开放、半开放的空间之间的趣味，环绕长廊的微妙变化、小途小径的曲折迂回，特别是在和绿化环境的交接处的灵活处理。

这些如果用计算机绘制是体会不到的，只有用徒手线条"走一遍"才能体会些许味道。

一句话，临摹，不仅是一张画，而是在画的过程中为自己构筑了一个可见的学习平台。

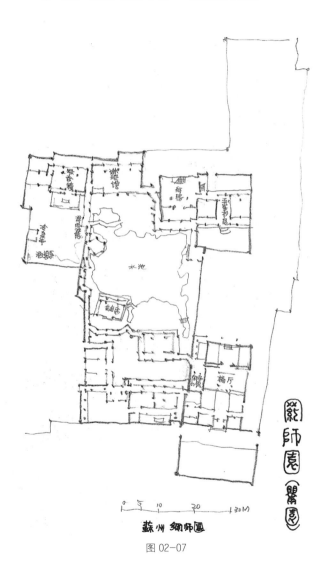

苏州 纲师园

图 02-07

2.6 草图的构图与画图

在设计草图时，构图与画图相比，构图不可或缺，而画图更主要。

画图的主要意义在于进行设计，是设计的一种基本方式。

图 02-08 JD1985 春季餐馆设计草图——全图

时间：1985 年（大学二年级） 工具：炭笔、草图纸

本图为 A1 图纸，是一个比较完整的设计，构图右下角稍有拥挤、随意。

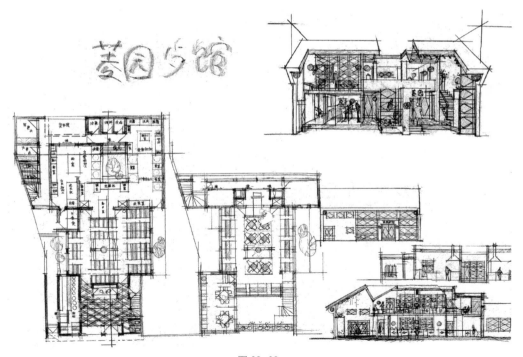

图 02-08

图 02-09　JD1985 春季餐馆设计草图局部——剖透视

剖切途径精心考虑，主要的外线空间及上下 2 层楼都显露出来，楼梯、服务台、中庭细部、地面铺装、一层的酒吧、二层的包间等，菱形的窗户、圆形的灯笼、木作的棚架，都有所表达。保留外立面有特征的局部，特别是保留入口处局部形体，在门口添画了一个人物，还有款台结算的场面，给图面增添了趣味性。这些趣味性的场景融合了室内外，深化了设计内涵。使用一点透视的方法，用炭笔和尺规相结合来完成图面，用炭笔涂黑强调屋顶、楼板、地面的剖切断面。

一句话，可以尝试画比较有难度的剖透视，其意义类似于实物设计工作模型。

图 02-09

2.7 尝试设计快题

徒手线条可以非常方便地表达设计，且平面、立面、剖面表现都可以在一张草图纸上完成。

不应过度地追求线条本身的优美与完整，而是要表达设计内容。不要拘泥于线条本身的漂亮，而是把线条当做思维的手段来对待，让手跟着大脑的思维走。

一句话，徒手线条表达，是设计思维的载体，也是设计过程本身。

自由思维是设计的源泉，而线条表达使思维呈现，两者如何衔接，要把握一个"度"，并在具体的设计过程中有意识地去尝试一些东西。

我们所说的设计快题，并非只有高年级才可以接触。其实，现实中的每一个设计，每一次草图，都可以理解为一次设计快题。

图 02-10 JD1985 春季别墅设计草图——第一次快题（右图）

时间：1985 年（大学二年级） 工具：炭笔、草图纸

这是一次课上一个上午的快题训练，从 8：00 上课到 12：00 下课，共 4 个课时。

设计时间上，从地段和假定的别墅主人生活特点入手，落实在平面上，以内部的小庭院向外发散。作为第一次快题，这个过程并不完整，也没有出现很有趣味的东西，但设计时间的控制是合理的，基本完成了中心发散的平面与"简洁的立面"的综合设计。

设计方法上，先画了若干基本线条式的小草图，作为基础，进而绘制了本图。

图纸组织上，右图为一张 A1 草图纸，组织比较完整，也尝试着组织一下实与虚。

事实上，设计时间、设计方法、图纸组织三者是一体且综合的。

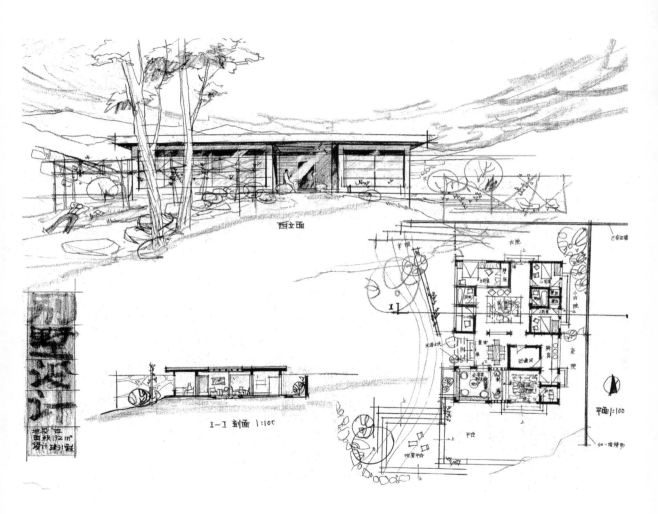

西立面

I—I 剖面 1:100

平面1:100

图 02-10

2.8　设计过程中的草图

在每一个设计的过程中，草图是每时每刻、无所不在、反复再画的。

图 02-11　JD1985 春季别墅设计草图——平面（右图之左）

时间：1985 年（大学二年级）　工具：钢笔、草图纸

在绘制了许多平面，大的、小的，并经过多次推敲、基本形体快要完成的时候，轻松地让手跟着大脑思维再对形体进行归纳总结，哪是柱子，哪是墙，哪是室外的平台、入口的位置。当然这还不是最后的成果，还有内部的透视，从一个角度到另外一个角度，同时进行。

可以再次看到，线条表达有诸多优势。其一，能很快地把形体概括出来，其二，能很快地加入很多细部。而这个"快"、这种速度是优于计算机，因为人的思维有时候变化是非常快的，是有逻辑的，更是跳跃的。

一句话，人是万物之灵，徒手线条表达的快速性也在于此。

图 02-12、图 02-13 是已经完成的很多室内透视中的其中两张，是用钢笔在图纸空隙中绘制的。

时间：1985 年（大学二年级）　工具：钢笔、草图纸

图 02-12　JD1985 春季别墅设计草图——室内透视 01（右图之右上）

本图对推敲内部空间结构起了很重要的作用。可以看到家庭内部的摆设，包括家具，如传统武术的摆件。另外有空间前后形体的组织，可以实现视线的穿越，以及对博古架改造性的设计，包括一些中国特点的细部，从而体现空间的迂回设计。

图 02-13　JD1985 春季别墅设计草图——室内透视 02（右图之右下）

父母相对而坐，儿子为其抚琴，彰显了家庭秩序，其乐融融。

通过线条的表达渗透一些对设计文化内涵的兴趣。

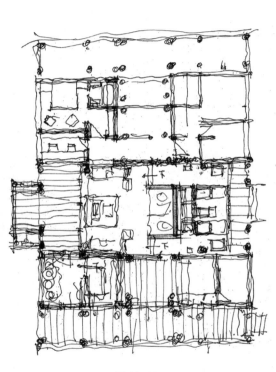

图 02-11

图 02-12

图 02-13

2.9　内容丰富的过程草图

图 02-14　JD1985 春季别墅设计草图——透视 01

时间：1985 年（大学二年级）　工具：炭笔、草图纸、三角尺、丁字尺

本图用炭笔加尺规作图，把每一个形体的构件都画得很明确，并通过透视组织和线条疏密，把其相互逻辑关系表达得更加完整。稍带一些明暗关系，但不是设计深化的主要途径。

图 02-14

图 02-15　JD1985 春季别墅设计草图——透视 02

时间：1985 年（大学二年级）　工具：炭笔、草图纸

本图在图 02-14 的基础上，更多的是明确细部，明确形体，明确交接处。

兴趣不是学习的全部动力，兴趣应转化为持久的坚持。

一句话，让技法跟着设计走，在积累中寻找突破。

图 02-15

3 清清楚楚画建筑

徒手线条表达的突破，就是清清楚楚地把自己设计的建筑画出来。

本章例图均选自作者大学二年级春季学期（1985 年春季）的一张作业正图。那是大学二年级春季学期的别墅设计，前述第二章的后面几张图是其草图阶段的图纸。正图用 A1 绘图纸绘制，由铅笔打草稿，针管笔黑色墨线绘制。有的地方用了尺规辅助，有的地方完全用徒手方式，整个绘制时间为一个星期。这一张图，是自己徒手线条表达的一个突破，也是自己学习建筑的一个突破，是徒手线条技法积累中学习建筑的设计突破。

时间：1985 年春季（大学二年级）　工具：针管笔、A1 绘图纸、三角尺、丁字尺

3.1 把不同的形体用同一种方法肯定

图 03-01 JD1985 春季别墅设计正图——全图（右图）

本图包括总平面、四个小透视、剖面、两个立面，还有完整的平面，高度重视正图构图，采用针管笔绘制。

前面我们看到了铅笔、钢笔、炭笔，包括现在的针管笔等各种工具的表达，其实线条的表达是一个很笼统的概念。

不要将线条表达简单地归类到钢笔画中。笔者很少使用"钢笔画"这个词，主要是想提醒同学们不要过多地去注意技法本身，而应该去观察形体、绘制形体、推敲形体、设计形体。所以笔者认为线条表达更多的是一个设计过程而不是一张画，其工具也不仅限于钢笔。

一句话，我们可以用不同的方式表现同一个形体，也可以对不同的形体用同一种方式表现。前者多实践于思考过程，后者多适用于正图表达。

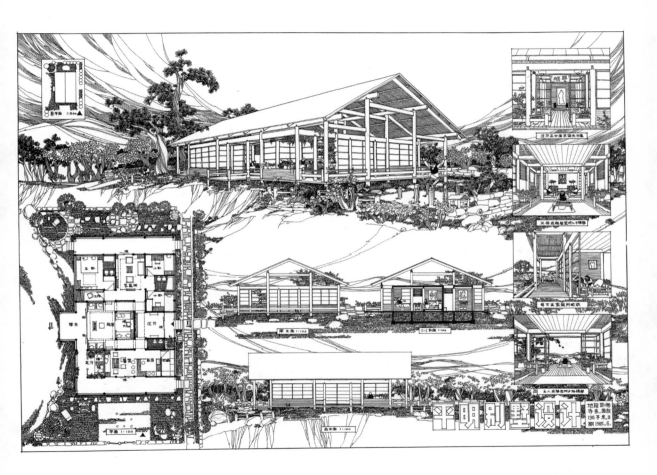

图 03-01

图 03-02　JD1985 春季别墅设计正图局部——图与字

无论是图还是文字都经过细致的考虑。

一句话，字体也是构图的一部分。

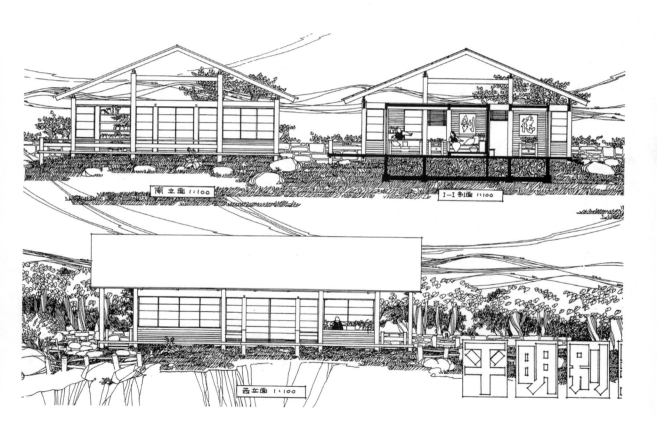

南 立面 1:100

I—I 剖面 1:100

西立面 1:100

图 03-02

图 03-03　JD1985 春季别墅设计正图局部——南立面

　　使用了一部分的尺规作图。描绘草的线条使用不死板，而是围绕建筑形体以及散落的石头而组织，形成了图面的灰调，也对整个设计内涵有烘托。

　　一句话，适当地画些配景以烘托气氛。

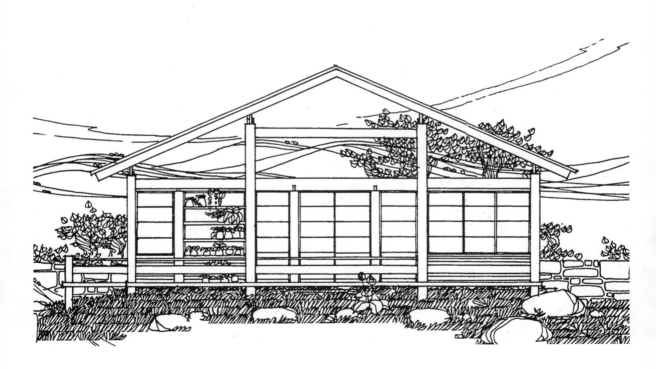

图 03-03

3.2　笔画疏密与形体关系

　　徒手线条表达通过线条的排列控制图面的效果，这个过程也是设计深化的过程。

　　要使图面有层次感，充满节奏及韵律，就要整体地掌握笔画的疏密关系。

　　建筑的透视关系可以通过笔画的疏密表现。

　　画图时，靠近我们视线的场景要详细描绘，对建筑构件及其他细节的关系描写要清晰，要深入刻画。较远的场景可以作为建筑的背景来描绘，只需要画清楚建筑与背景的前后关系即可。

　　图 03-04　JD1985 春季别墅设计正图局部——大屋架（右图）

　　本图是一个很完整的木构架，从圆断面的柱子到横梁，再到斜梁、檩条，最后到屋面，都表现得非常清晰。

　　每张纸的绘制无论是草图还是正图，都是对设计的进一步完善，本图在图 02-14、图 02-15 的基础上，进一步设计了柱子和梁的交叉，以及它的构造细部。

　　徒手线条完整表达了诸多形体及其相互关系。清清楚楚地表达了每个形体，清清楚楚地表达了各个形体的大小比例，以及形体与形体之间的关系。

　　如前所述，线条可以画拙、画笨，而不要一开始就追求线条的灵活巧妙。

　　一句话，作为正图，图面的整体效果，既是表达，也是设计内容的深化。要始终突出建筑的主体地位。

图 03-04

图 03-05

图 03-05　JD1985 春季别墅设计正图局部——西立面

　　使用了部分尺规作图，清晰表达立面。用了密集的线条来描绘建筑周边环境中的树、石、草等，为立面作了一个烘托。

　　一句话，表达不同的形体用不同的线条，还要注意线条之间的和谐性和组织的趣味性。

图 03-06

图 03-06　JD1985春季别墅设计正图局部——树木山丘蓝天

　　本图是一个放大的局部，线条相对放松。有两种树叶的组织，一种是低矮密集的，一种是叶片较大的，两种树叶交映在一起。事实上，不必要刻意刻画某一种树及它的真实造型，只需表达树的抽象概念来烘托整个设计即可。

　　两种树叶，远处的山，山上的小树，远处的天空，诸多线条很自然、柔和地组织在一起。

3.3 先要做到"密不透风"

艺术绘画中讲求"密不透风，疏能奔马"的艺术境界，这是正确的。这个原则不仅适用于绘画中，也同样适用于书法中。每一个成功的画家，必然有整体概念及创造魄力，能从整体上处理疏密的关系，当疏则疏，当密则密，形成自己独特的艺术个性，这样的作品才更耐人寻味。

而对于徒手线条表达，诸多艺术境界，并非是简单绝对追求的。

对于徒手线条表达，"密不透风，疏能奔马"则可以理解为绘图有疏密对比。

图 03-07 JD1985 春季别墅设计正图局部——平面（右图）

本图是别墅设计的平面，包括过厅、起居室等。

将别墅设计空间的核心交叉点设计为烤火的位置，为"居"之核心。火是人类生活中最基本的用品之一，而火的有组织安排与保持延续是人最有意义的特征，来于自然，高于自然，又归于自然。

"居"之核心向东，晨曦方向，为房子的门口、过厅。

"居"之核心向西，夕阳落处，为开敞的外廊、琴台。

"居"之核心向南，为餐厅、南廊，而以餐厅为次核心，有花厅、厨房东西布局。

"居"之核心向北，为家庭间、北廊，而以家庭间为次核心，有主卧和两个次卧布局。

平面经过许多推敲，形成严谨而有逻辑的布局，而绘图采用了平实的手法，四周密实的线条既有表现内容，也衬托出了房子的矩形平面及设计内涵。

一句话，可以画得密实一些，也应该画得密实一些，先做到"密不透风"。

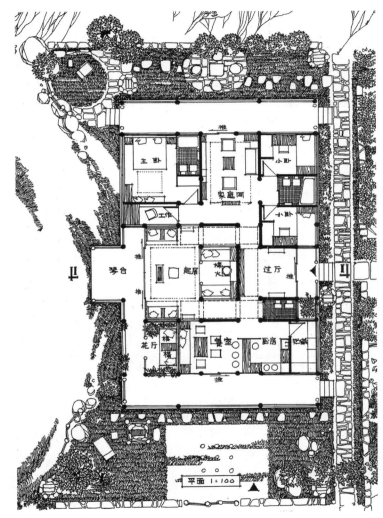

平面 1:100

图 03-07

3.4 大树和松叶球

自然万物丰富多姿，描绘它们的基本构成元素也可以是线。

在徒手线条表达中，配景植物的具体画法也很重要，也要配合主体设计。

不同草木、不同树叶的绘制重在抽象概念的形态化，也便有不同的形态，也要善于观察，并从观察中归纳、概括、抽象。

要适当提炼，而提炼的过程也是不断修正的过程。

图 03-08　JD1985 春季别墅设计正图局部——树下缝补（右图）

对于松树，把复杂的针状叶用抽象的方法画清楚，又要画明白，关键是提炼概括形体，若干针状叶组合在一起，整体形态呈球形，本图抓住了这个特点，并没有关注其光影明暗变化。这样，就把复杂难画的松叶组织化、概括化、平面化了。进一步确立线条组织，把若干笔画规为一组向心放射线条，形成了一笔画好的"松叶球"。每一个"松叶球"清清楚楚，平面抽象，而若干"松叶球"的组织，则注意依据整体松树的形态与走势，参差错落，疏密排列，留有空白。

对"松叶球"的大小进行了夸张，对枝干的形状也进行了变形处理，所有这些都是围绕着建筑来进行的。女主人在松树下做针线活，而松树的一个"松叶球"的大小相当于图面中人物大小的一半，仔细对比会发现，这样的比例有些失常，但是图面却很舒服。如果完全按比例绘制松树则会花费大量的时间，而完全写实的画法其实也与建筑内涵相悖。

在配景的组织当中，适当夸大一些要素或者变形一些要素是很正常的，甚至是必要的。

线条疏密，注意与整个图面协调。特别是图中表达天空与云彩的线条都是经过多次推敲组织起来的。建筑配与设计协调，线条可以拙笨一些，而帅气自生。

一句话，把一个松球画清楚。注重变形与协调，线条守拙，而帅气自生。

图 03-08

3.5　灌木绿草鲜花

　　鲜花的形式是各种各样的，不同花卉、植被表现手法不同，同一种花草也可有不同的表达方式，要概括，要提炼，要遵循整个图面的整体统一性氛围而抽象。

　　画绿草时，它们的整体组合形态呈块状，局部地势高低不平的地方其疏密会有变化，此时主要把握的是草坪的整体走势，而非细节。可采用排线的方法，貌似单棵刻画，其实其比例并非单棵刻画，而是整体组合方向一致，注意疏密变化。这种画法是并非刻意抽象的抽象，可清晰表现一丛丛的绿草，易于掌握，而且在图面上很容易出效果。

　　图 03-09　JD1985 春季别墅设计正图局部——花厅饮茶（右图）

　　本图没有要过分追求线条的花哨，设计也没有过分追求空间的花哨。

　　静心设计，"豆腐块"、"火柴盒"的形体也可以非常和谐地组织在一起，形成丰富的空间变化。从一个大方块中剪切掉一个小方块，用若干圆形柱子和矩形形体组成一个室外花厅，营造一个春意盎然的环境，其中的家具也是若干圆形柱子和矩形形体的组合。

　　图中，父亲坐在花房的一组圆形柱子中间，而与茶榻一起形成圆形柱子空隙的视觉中心。

　　在花花草草的表达上，本图有以下三点：

　　其一，画得大而概括，建筑设计图以建筑为主，花花草草烘托气氛，不仅是松叶球，衬景都可以画得大一些、简略一些，尤其注意概括，并适当地抽象。

　　其二，作为衬景，花花草草不必过分按照时令安排，以适合构图深化设计为主。

　　其三，线条组织"平面化"，要注重线条本身的美感，以衬托主题。这个主题，自然是建筑，还有设计要体现的气氛。

　　一句话，绿草鲜花四季应时而又随意，衬托主题，概括入图。

图 03-09

3.6　人的尺度　人的建筑

建筑设计中不可避免地要画些人物，图面中人的尺度衬托建筑的尺度，既标示着建筑构件的比例，又使图面有活力，使图面效果更协调。

绘图时我们会以一条虚拟的、不存在的线——视平线作为透视的依据，视点在视平线上。以此为基准画出来的场景才符合人的观察习惯，视平线始终围绕着人的眼睛高度，而不是头顶高度。

人物在图面中只是衬托的作用，可以画一个，也可以画许多。图面的主体是建筑，人物太多只能喧宾夺主，绘画时不要急于画很多人物。

一句话，不要急于画很多人物。

3.7　人与建筑的和谐表达

适当的人物设置可以一定程度体现建筑的内涵。

图 03-10　JD1985 春季别墅设计正图局部——木桩起舞（右图）

图中表达了配景人物之间的相互关系。

结合图 03-09，全图中并没有父亲与儿子的直接对话，父亲在花房宁静休憩，儿子在练舞场习武，但是能够通过衣着和举止以及简单的表情，看到一种相似性，也能体会到人的一种默契。而这种相似性与默契都是围绕房子来表达的，是有建筑内涵的。

本图的透视关系"景深"较大，这种情况下不由自主地容易将人物尺度画大，而经过谨慎的推敲，还是采用了人物与建筑靠近的处理方式，这样人物表达完整而低调，符合整体气氛。

人物及衬景的线条组织与整个建筑的线条组织有一个比较和谐的组织关系，包括衣服的纹理和木桩纹理的线条组织，以及近景绿化各种线条的组织，其疏密顿挫注意了协调。

一句话，配景与人物各得自在，却有一种内在的默契，这也是对建筑的诠释。

图 03-10

图 03-11 JD1985 春季别墅设计正图局部——剖面

本图将建筑的大屋架、建筑主体、平台，以及建筑的基础部分表现出来，对大学二年级的学生而言，对建筑结构理解可能不是非常清楚，但是应该培养这个意识。地基的剖切线没有使用粗实线，而是用青草的线条堆积表示建筑基础的剖切部分。内部装饰也没有像透视效果图那样画得很繁琐，珠帘、墙体木饰面、装饰画等均采用了简洁的线条表现。人物的线条没有太繁密，但是以人物来表达一种心态、一种情态。

人物不需要太复杂的动作，但是相互间要有契合与内涵。

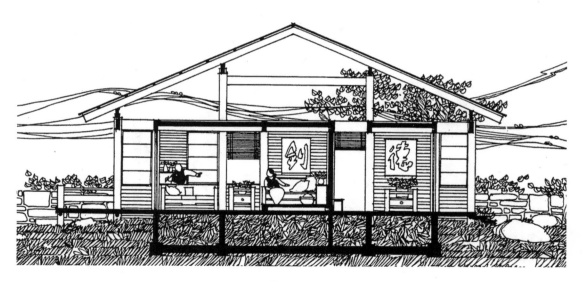

图 03-11

3.8 矮墙、围栏、碎石路

矮墙、围栏、碎石路等配景的组织，实际上也都是建筑设计的内容之一。

图 03-12 JD1985 春季别墅设计正图局部——南屋檐下

建筑南侧有一个练武场，在练武场的南侧设计一个栅栏门，实现了庭院室外到大环境的过渡。环境的组织开朗向外，设计了休憩的躺椅、古井、园艺灯具，以及断断续续的石板，这些断断续续的石板增加了檐下空间的趣味性。线条组织将各种物体进行了描述，周边的每一个石块都经过精心的布局。

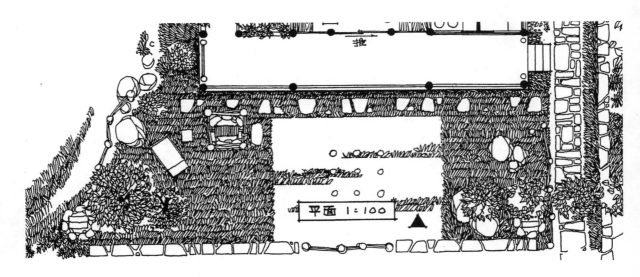

图 03-12

图 03-13

　　建筑设计中，矮墙、围栏，都可以作为图面中建筑与大环境的边界，能够起到空间限定的作用。

　　在徒手线条表达中，矮墙、围栏则也可以作为建筑的小背景。矮墙与围栏前的物体可以详细描绘，而后面的空间能拉开建筑物与背景空间的距离，增强图面的空间感。

图 03-13　JD1985 春季别墅设计正图局部——碎石路

　　一条简单的石板路平面，每一块石块之间的组合都经过仔细的推敲，大小的搭配比较均匀，在大小的组合中适当用了一些变形和归纳。事实上，大的石块与实际工程中的路面石块相比尺寸过大，但如前述，表达就是要采用了抽象的形体组合。

　　每一个石块本身画得比较有张力，而不是去拼凑形体，石路本身是比较规则的，而石块本身也是比较完整的，但是在拼合中的大大小小的搭配又比较有趣味。

　　还有低矮灌木组成的空间界面，低矮灌木下边石砌的矮墙，以及穿插在檐下的花草。石板路既联系了房子的几个出入口，又与绿色灌木、矮石墙与整个道路形成了一个非常好的、既分又合的空间关系。它们各自形态简单，而整体丰富且有秩序。

　　很重要的一点是，在碎石路面平面图中，石头的大小、曲直搭配要"贴附在地面上"，同时，每一块石头要有石头自身的硬度感。

　　一句话，一块一块石头铺成路。

3.9 故事与意境

图 03-14 JD1985 春季别墅设计正图局部四个小透视

这里，可以粗浅地谈到的房子的文化意味。

随着设计的深入，我们会发现很多有意味的东西，这些有意味的东西与我们的血缘、我们的传统、我们的文化是有密切的关系的。这既是一个意境故事的营造，也是一个心灵秩序的营造，我们在做设计的时候要不断地去培养自己讲述故事、建立秩序的能力。

四个小透视，是从若干小透视中归纳出来的。四个小透视有一致性，都采用一点透视，从内容上都有大屋顶与木地板，透视所截取的视线高度及视框大小基本一致，都注意了线条的疏密关系，线条表达与设计风格统一，表达建筑的内涵一致而各有侧重。

建筑是为人服务的，而我们是建筑设计师，而不是场景设计师，不是戏剧策划者，不是电影导演。我们的设计及表达要始终围绕建筑进行，围绕建筑形体，围绕形体的交接处，并且统一地把它们组织在统一的平面当中。这就是线条表达最基本的要求，也是最重要的要求。

一句话，线条表达要有内涵。

图 03-14

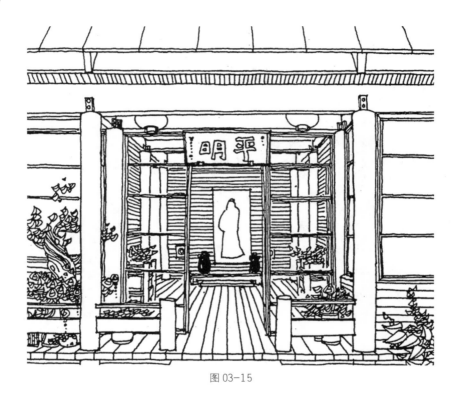

图 03-15

图 03-15　JD1985 春季别墅设计正图局部——设夫子像

若干柱子组织支撑起空间，而将它们组织在一点透视中去表达。

这个空间，是内与外的交汇，由此进入房子。入口处设置一个夫子像，是文化营造的一个支撑。而在夫子像另一侧，是象征家的"火"所在。

一句话，用线条表达空间逻辑。

图 03-16

图 03-16　JD1985 春季别墅设计正图局部——起居有礼

　　中国家庭氛围的营造更多的是讲究一种秩序，最核心的位置，父母围"火"对坐，儿子为父母抚琴。形式已变得简约而平和，太师椅已转变为榻椅。核心位置表明了父母在家庭中的地位，而孩子则用音乐来取悦他们，这就是一种秩序，一种传统现世为人的秩序。

　　一句话，用线条表达空间秩序。

图 03-17

图 03-17 JD1985 春季别墅设计正图局部——母女昵谈

在家庭间，母亲和女儿促膝长谈，图面无声，似有声。墙面母亲抱着女儿的照片，看着她们。大屋顶下的北廊，空间简洁而宁静，界面丰富而有序。

家具等内饰都与设计和谐，茶几上的茶具与坐榻上的软垫造型饱满而简约。

一句话，用线条表达空间温情。

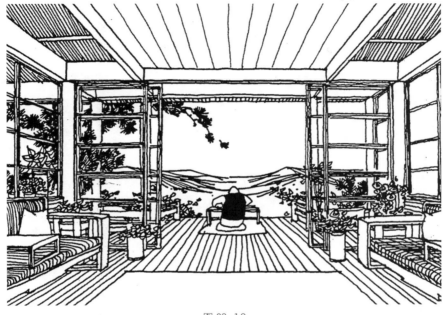

图 03-18

图 03-18 JD1985春季别墅设计正图局部——夕阳抚琴

本图，主人对着悠悠西山抚琴，为自己鼓琴，为自然抚琴，或者也许为抚琴而抚琴。

一种情调，一种场所，一种归属，一种意境。本设计的场地为北京的卧佛寺植物园以东，其西为主要景观朝向。线条清晰地表达了设计对于室内外空间穿透的理解。

一句话，用线条表达空间意境。

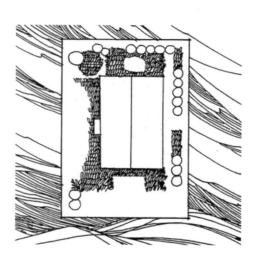

第二部分　草图、思考、互动
——让我们的手勤奋

4　线条草图——不停地去画

线条是建筑设计思维表达的基本载体。

初学者更应重视草图基本功的训练，不停去画。

既要掌握日新月异的科技手段，更要保持手的勤奋，用最古老的手段夯实最基本的基础，让思维与线条表达与设计工作模型互动。这是建筑设计入门中最笨的，也是最有效的方法。

一句话，手，是最古老、最直接、最有效的意志的延伸和思想的实现者。

徒手线条草图训练内容有一个大致序列，从思想酝酿到草图纸的准备、绘图笔的选择，从功能的布置到后续的形体的推敲。有的步骤也许是错位的，但每一步都需要用投入的态度来完成。在我们经过长时间的训练，树立了很清晰、很准确的去画的意识之后，我们更多的注意力应该集中在设计本身上。

4.1　养成画大草图的习惯

画大的草图，很多思绪都可以同时展开，可以在一张图上表达设计诸要素，将设计的平面、立面、剖面同时进行。要训练养成一个有头有尾的绘图习惯：头是指要去做设计、做方案；尾则是要留有一定的时间用自己的方式表达自己的东西，或许是一个轴测，或许是一个透视，或许是一个放大的立面，目的在于深化设计。

图 04-01　JD1985 秋季体育馆设计草图一草（右图）

时间：1985 年秋季（大学三年级）　工具：A1 图幅、草图纸、炭笔

本图图面组完整，有标题、透视、总平面、平面、剖面。

一句话，养成有头有尾画大图的习惯。

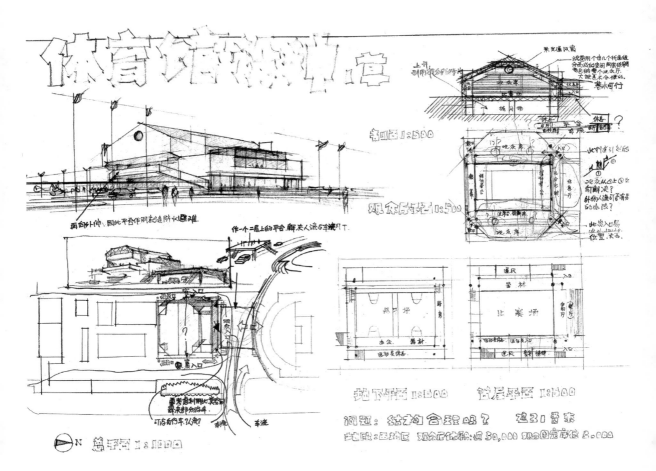

图 04-01

有意识养成绘制大草图的习惯，有三重意义：

其一，从设计的整体入手。其二，训练自己"不停画下去"的意识。这是最重要的。其三，有助于应对各种考试，因为几乎所有的考试都是要求完整的较大图幅。

本章节选用的例图，多为作者在大学三年级期间的作业草图，其中多数是A1图幅的草图，从最初的图面的构成到标题的设计，从总图到详图，从立面到剖面都比较完整。

画大图要注意构图，但也不必过分拘谨，不要过分拘泥于图面的构图，而是尽量将很多思绪表达出来。不间断的推敲过程实际上就是建筑设计的训练过程，设计的"感觉"是在这个过程中慢慢培养出来的。形式不是最重要的，主要还是通过手与脑的协调来进行设计。

4.2　造型的推敲

在设计过程中，无法单纯断定是形式追求功能，还是功能追求形式，作为初学者，特别是徒手线条训练过程中，无需去追求这些口号式的设计理念在自身设计方案中的体现。

有一点是可以肯定的，形式和功能是同步的、互动的。

功能有广义的功能和狭隘的功能之分，每一个人对"功能"的理解也不尽相同：使用者认为功能就是物体的使用能效；观赏者认为好的形式也是功能的一种。

不应将形式和功能机械地分离。

在建筑设计中，单纯地为形式而形式，为强调功能否定形式追求，都是没有意义的。

在徒手线条表达中，功能与形式的互动性体现得非常明显而直接，并往往落实为草图的多次重复。在一张已经完成构图，也近完整的图纸上，又有思绪地画上一个造型示意，是常见而有效的，有时候，这个新的造型示意，就成为设计下一步的发展方向。

一句话，形式和功能是同步的。

图 04-02　JD1985 秋季体育馆设计草图一草局部——又一个造型

时间：1985 年秋季（大学三年级）　工具：A1 图幅、草图纸、炭笔

图 04-02 是图 04-01 的一个局部，是体育馆设计的另外一个造型。

与图 04-01 中的主体透视有所不同，本图更多地将结构的框架表现出来，也把道路交通组织对造型的影响分析体现出来。

一句话，造型的突破，在于灵感，更在于分析。

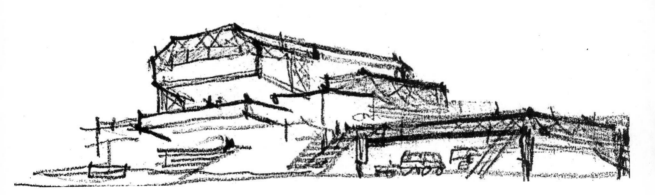

图 04-02

4.3　功能的深入

　　设计初期建筑功能的组织源于设计资料和对设计任务书的要求，但设计任务书在确定时，因为考虑到针对所有学习者，要尽量做到简明扼要统一，所以概括性强。而对于每一个学习者个人，过于粗糙刻板地拘泥于任务书是远远不够的。

　　对于功能，设计者往往需要经过长期的反复推敲，渗透自己的理解，这样形成的成果才有意义，对自己的进步才有针对性。

　　设计者最初的想法往往是灵感突现的表达，没有任何限定思维的因素左右。随着设计的深入，各种因素的加入，功能布局不断调整。最初的火花要保留，而最初的许多具体的建筑意象或许在不断地推敲过程中不断改进，或许在推敲过程中全部推翻。这个过程是一个循序渐进的过程，也是设计的完善过程。

　　在设计中，思路是渐进清晰的，不是一蹴而就的，当然跳跃式的发展也是有的，在此不多赘述。功能推敲的深入，是使造型进一步清晰起来的途径之一，设计的内容是也跟随设计者的认识和思维而发展的。

　　思维物化（图纸、模型、实体）反过来又会进一步影响设计，这个过程便是如此。

　　图 04-03　JD1985 秋季体育馆设计草图二草（右图）

　　时间：1985 年秋季（大学三年级）　　工具：A1 图幅、草图纸、炭笔

　　本图是体育馆设计的二草，也是在 A1 图纸上绘制的。二草由两张 A1 的草图纸组成，这是第一张。对比图 04-01，本图的设计，平面的关系，特别是和周围大场地的关系更清晰。

　　本图透视从大平台角度描绘了建筑造型的主要部分，形体的推敲比一草深入。

　　一句话，思路是渐进的而逐渐明晰的。

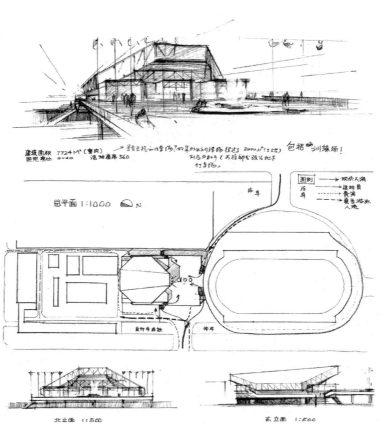

图 04-03

4.4 画的过程中"出现"房子

徒手线条表达不是推进设计的唯一方式，却是一个有效的、快速的方式。

把一个建筑的方案画深入，在深入的过程中思维逐渐清晰，同时组成建筑的大小构件也变得越来越清楚。在不断画的过程中，墙体、柱子、围合界面、房子的意象各种东西会越来越清晰。

墙体，是最容易作为围合界面来理解的建筑构件，一笔下去，可以代表一组围合形体。

柱子，是围合界面很重要但又容易被忽略的，柱子是空间的一个阻断，可以引发出墙体、隔断等一系列的空间切分，而其竖向的意义更是极大的。一个点，可以代表一棵柱子。

围合界面，通常包含了墙体、柱子，还有屋顶，又比这些多出了许多。

房子的意象，是一个非常丰富的范畴，在这里仅指初步的形体及形体组合。

其他，房子并非等于"建筑"，而从房子到建筑，还具有许多其他的丰富内涵，而画的过程，是出现房子的过程，也是其他内涵形成的过程，也会进一步理解房子的意象的丰富性。

一句话，画的过程中出现房子，过程中越来越多的体会又落实在围合界面的组织上。

画的过程，可能出现许多意象，每个意象都有闪光点，这时候就需要思考和选择，这个选择的过程实际也就是设计的过程。

图 04-04 JD1985 秋季化学楼设计草图——钢笔（右图）

时间：1985 年秋季（大学三年级） 工具：钢笔、草图纸、针管笔

这是一个教育建筑——化学实验楼的设计，它有着多数教育建筑的布局特点，通过线形走廊来联系若干个教室，同时，对教室的通风、采光等有一些相对复杂的要求。本图是主要是两个方案的平面对比。

一句话，把一个建筑的对比方案画深入。

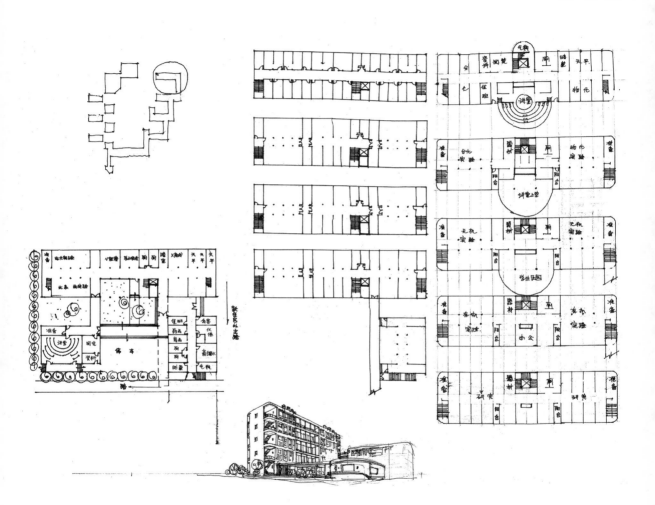

图 04-04

4.5 打破一草二草的界限

由一草深入二草由此渐进，这只是做方案的一个方法。

图 04-05 JD1985 秋季化学楼设计草图——炭笔

时间：1985 年秋（大学三年级）   工具：炭笔、彩铅、A1 草图纸

一句话，把一个建筑的一个方案画深入。

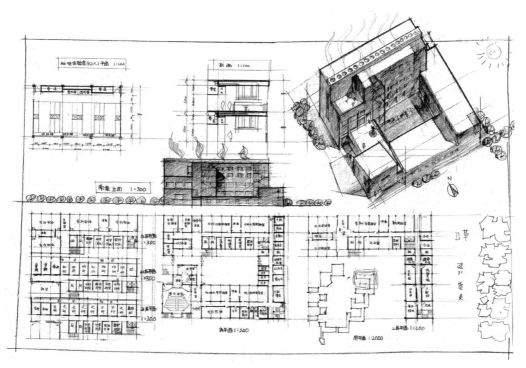

图 04-05

图 04-06 JD1985 秋季化学楼设计草图——五个轴测

可以在每一个阶段展开去做不同的深化，每一个阶段可以进行多种形体细部的推敲，甚至整个造型也可以产生更多大的变化，可以不完全遵循一草二草递进的模式推进设计。

一句话，一个建筑做不同的方案会有不同的收获。

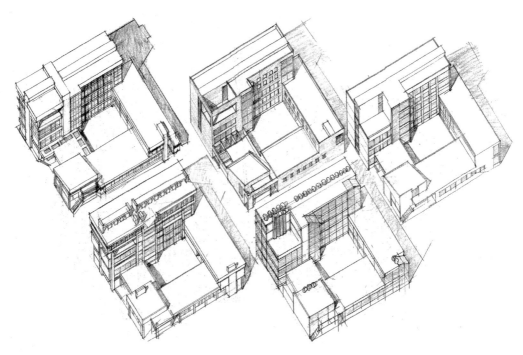

图 04-06

4.6 进入"角色"的线条草图

进入"角色"是指有了一些设计积累，能对设计命题的功能和形体综合思考，并且用徒手线条与工作模型的方式推进设计。

基本的形体及细部确定以后，还可以多次地用徒手线条，使设计的思路更明确，用徒手的方式组织不同的对比方案，如图04-06中的五个轴侧，在同一种形体、同一种风格下，各种不同的细部变化都可以在一个图面当中组织起来。用规则的轴测方式和朴实的线条手法，适当加入一些光影关系，把整个形体表达得更加清晰明确。

一句话，最笨的方法也是最有效的方法。

图04-07 JD1985秋季化学楼设计草图——炭笔形体（右图之左）

时间：1985年秋季（大学三年级） 工具：草图纸、丁字尺、三角尺

基本形体所确定的更多是一种建筑的形体结构，而不是形体的细部。在此基础上，用钢笔和针管笔把各个建筑的构建细致程度进一步描叙，和前面几张图比，在建筑语素的应用上有变化，恰恰是这种变化推敲的过程，使我们逐渐开始对建筑的细部造型手法有所理解。

图04-08 JD1985秋季化学楼设计草图——钢笔明确（右图之右）

时间：1985年秋季（大学三年级） 工具：炭笔、草图纸、钢笔

下一张图，再用炭笔将建筑细部进一步明确，楼梯间与报告厅有变化，建筑细部也有一定的调整。加了一些素描关系，如玻璃的质感、墙体的光影关系。

这种反复甚至"无用"的推敲过程，使我们的设计能力有了徘徊而渐进的提高。

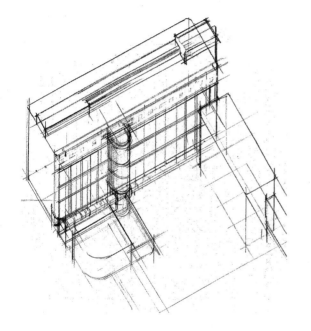

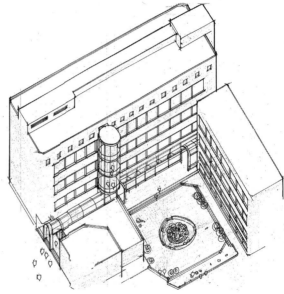

图 04-07　　　　　　　　　　　　　　图 04-08

图 04-09 JD1985 秋季化学楼设计草图——再改一次

时间：1985 年秋季（大学三年级）   工具：草图纸、丁字尺、三角尺

一句话，再画一遍，再改一次，可能没有"用"，但又积累了一点点。

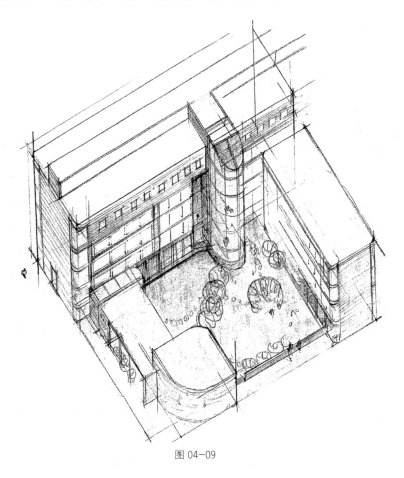

图 04-09

4.7 在同一张纸上快速完整地同时展开

图 04-10 JD1986 春季图书馆设计草图——快题

时间：1986 年春季（大学三年级） 工具：炭笔、A1 草图纸

图面有平面、立面、总平面、剖面、透视，表达的内容很全面。

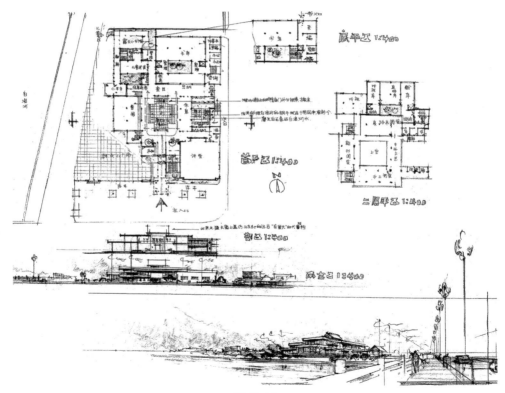

图 04-10

4.8 "细部"不是在方案之后

细部不是指小的东西，细部实际上是渐显而贯穿设计的形体组织控制。

细部是形体组织方式、实现手段、实效功用，乃至内涵品味，意义丰富。

细部不是在平面、立面、剖面确定后而添加上去的可有可无的附加零碎，是一开始就伴随设计进行而渐显并贯穿设计的。

图 04-11　JD1986 春季图书馆设计草图——过程平面（右图）

时间：1986 年春季（大学三年级）　工具：炭笔、A2 草图纸

本图是图书馆的平面，要敢于画大图纸，哪怕是一个小的空间。

在大的平面当中可以很认真、很仔细地推敲每一个小的细部，以及彼此之间的关系。因为建筑功能的复杂，所以使用不同粗细的笔结合来画。

从空间组织上来看，陈设大厅是空间组合的核心，也是去往各处的途径定位中心，有很好的空间定位意义。

不同功能、不同地面的铺设，每一个细节都进行了比较详细的描绘。

细部设计的养成就是一点一滴地积累起来的，形成习惯后，可以在短时间内，同时进行大的空间组织变化和细部形体组织调整，从而快速形成不同的设计。

画图时无论是哪一个阶段都应该本着深入画下去的态度，而不应停留在大的、空的框架上，这对于初学者尤为重要，

一句话，全面地表达设计内容，而细节设计的养成是一点一滴地积累的。

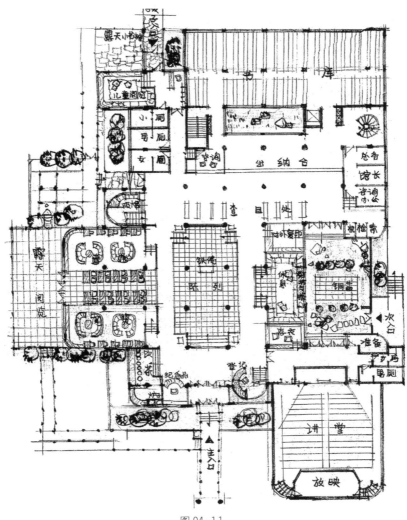

图 04-11

图 04-12　JD1986 春季图书馆设计草图——过程透视

时间：1986 年春季（大学三年级）　工具：炭笔、草图纸

　　这也是一个过程立面，是一种风格的尝试，从本图可以看出徒手炭笔的运用：清晰的线条表达建筑的实体；放松的笔法表达建筑环境。建筑环境配景有树、骑车人、表现地方特色的风筝。使用炭笔的断头，在草图纸的反面平涂出天空及云，烘托建筑。

　　笔法的应用采用以线条为主、辅以素描关系，略带抽象味道，严谨与放松适度结合。

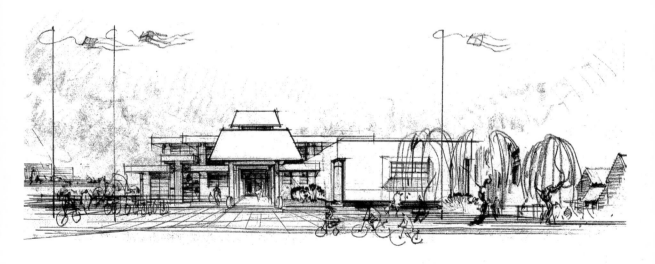

图 04-12

图04-13 JD1986春季图书馆设计草图——细部

时间：1986年春季（大学三年级） 工具：草图纸、炭笔

本图是图书馆檐口四个不同的设计方案，有虚实对比、形体组织、开窗方式、横竖开窗等各种要素对比。

一句话，细部就是设计。

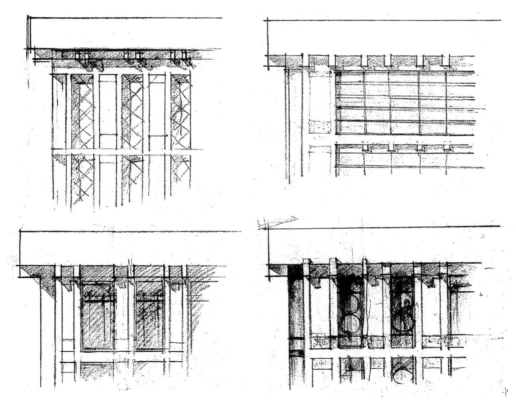

图04-13

4.9 室内与室外同步

图 04-14

图 04-14 JD1986 春季图书馆设计草图——室内透视 01

时间：1986 年春季（大学三年级） 工具：炭笔、彩色铅笔、草图纸

本图以线条为主，辅以部分素描关系。炭笔素描关系及彩色铅笔表达光感与色彩，再结合橡皮使用、配景人物明暗，进一步强调光影效果。

彩色铅笔可以涂在草图纸的反面，使颜色更加均匀，事半功倍。

图 04-15

图 04-15 JD1986 春季图书馆设计草图——室内透视 02

时间：1986 年春季（大学三年级） 工具：炭笔、彩色铅笔、草图纸

一句话，再一次描绘，无论是设计还是表达，都有所提高。

图 04-16　JD1986 春季图书馆设计草图——主立面透视（右图）

时间：1986 年春季（大学三年级）　工具：炭笔、草图纸

相对于图 04-12 而言，本图在尺度的把握上进一步调整，图面更趋严谨。

本图场景相对较大，表达空间进深及变化。

设计的环境是在一个小城市里，图书馆位于这个小城市人们最引以为豪的一条河边，且位于居住区附近。所有的配景都是在烘托建筑本身，河堤与建筑的护栏进行了精心设计。

建筑细部不单纯指平面和立面中的推敲，而是各个建筑构件的同步推进，功能和形式的同步、室内和室外的同步。

本图将配景的人物位置精心调整，图中的两位老人结伴洗衣。其实，那条河早已没有人去洗衣服了。

一句话，拉开场景，多画几张"复杂的"。

在本图中还可以看到，线条是有局限性的，本图适当强调光影关系。在它表达这些明暗关系的时候。我们要适当地用一些素描的手法，但是无论是炭笔还是铅笔，要"逼真"地去表达一个三维的效果是远远不及当今计算机制图的效果的。

我们喜欢线条甚至痴迷线条，但是也要看到线条的局限性。

图 04-16

5　手是思考的延伸

　　当设计训练到一定程度时，手和眼的协调将达到一定高度，不会为画画而去画，而是为了表达自己头脑中的思考，而思考的就是设计。此时，积累的技巧似乎变得不那么重要，但实际上是手法和技巧在如云似水中将设计思想快速地表达。

　　一句话，如云似水的开始。

5.1　直达"目的"的表达

　　进入建筑学高年级，做大设计，要直奔设计内容和设计有关的内容将它们表示出来。可以以不同的视角、不同的比例同时展开。

　　无论在各年级学习，还是做建筑快题训练，满足于一两个方案，是远远不够的，应该多画，首先保证"量"上有一个突破，才能在过程中取得进步。

　　图 05-01　JD1986 秋季旅馆设计草图——展开 01（右图）

　　时间：1986 年秋季（大学四年级）　　工具：炭笔、A1 草图纸

　　在这一张大图中进行了很多平面、立面、细部的设计推敲，还有两个有些规则的剖面及文字注释。图面左上角的一层平面，空间组织就设计层面上来讲，综合考虑了内外协调。图面的中间部分直接深入停车位的布置。图面右侧用钢笔推敲不同的立面局部。

　　与图 05-01 相比，本图似乎有些潦草，东西也越来越丰富，恰恰是在这更大的"凌乱"中，形成着对更大、更复杂的体量控制与形体把握。本图看似不完整，却是设计的切实推进。

　　一句话，画大图，在大图上画。

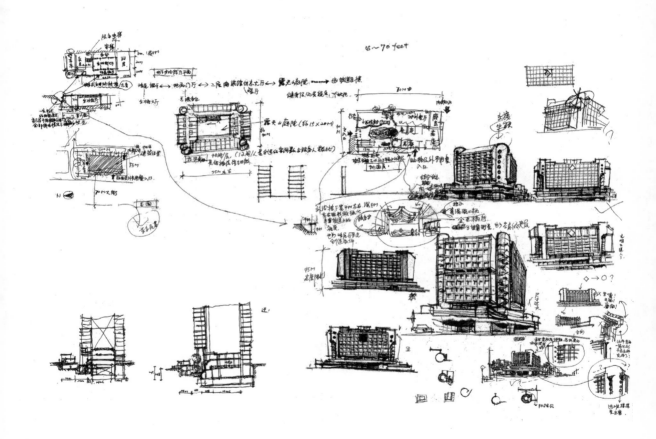

图 05-01

图 05-02　JD1986 秋季旅馆设计草图——展开 02

时间：1986 年秋季（大学四年级）　工具：炭笔、A1 草图纸

始终不要去注重线条本身，随着设计的深入，线条会变得越来越漂亮。正如写文章，无须刻意关注字体，文章写多了，字本身的间架结构也自然形成特色，这是一个很自然的过程。

一句话，线条表达既要放得开，也要收得住。

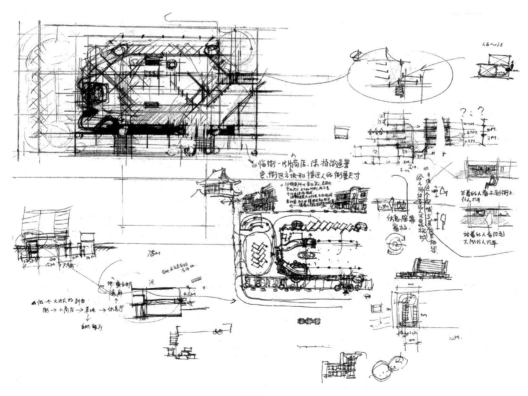

图 05-02

5.2 一种"混合"的全过程

大型公建，其要求是错综复杂的。如宾馆设计有宴会厅、有客房，有自身造型、有周边环境，有空间创意、有轴网结构，等等，所有这些同时展开，其设计是一个混合的过程。

图 05-03 JD1986 秋季旅馆设计草图——功能 01

时间：1986 年秋季（大学四年级） 工具：炭笔、A1 草图纸

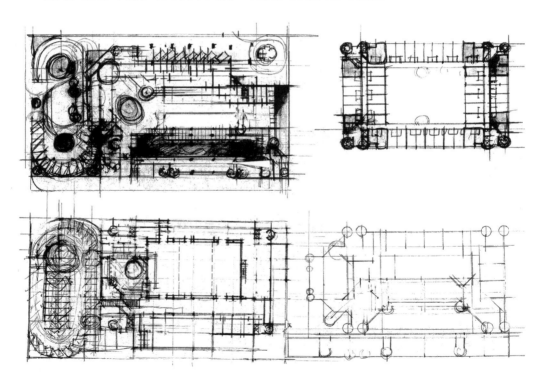

图 05-03

图 05-04　JD1986 秋季旅馆设计草图——功能 02

时间：1986 年秋季（大学四年级）　 工具：炭笔、A1 草图纸

相对于图 05-03，图面密集程度增加，设计更加细致，表达的内容更加具体。

一句话，一步一步精细设计。

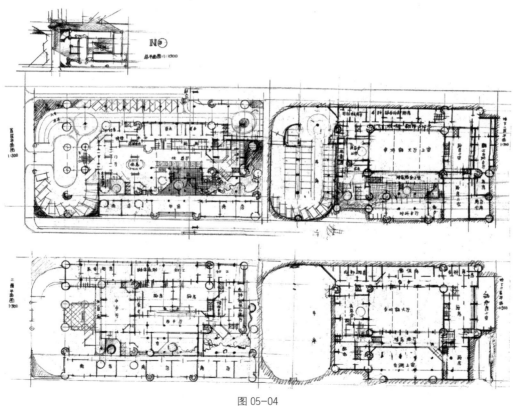

图 05-04

图 05-05 JD1986 秋季旅馆设计草图——功能 03

时间：1986 年秋季（大学四年级） 工具：炭笔、A1 草图纸

右上角是交通流线分析，左侧剖面分析了内庭院与室外空间的关系，剖切透视分析内部中间庭院、沿街商业店铺、城市道路的功能组织与空间组织系。

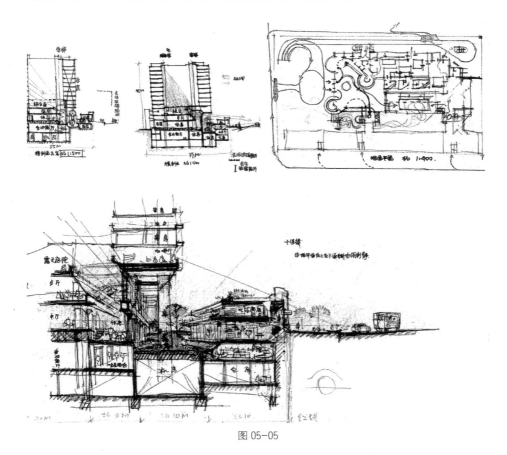

图 05-05

5.3　直接进入细节

全过程"混合"过程不是混乱的过程，要始终抓住设计的主要内容。

建筑设计，有一些内容，有一些细节，需要一些计算。而这些计算，并不复杂。

图 05-06　JD1986 秋季旅馆设计草图——地下车库（右图）

时间：1986 年秋季（大学四年级）　　工具：炭笔、A1 草图纸

本图是一个地下车库的平面布置图，该车库符合规范，可以只设置一个出入口，但出入口必须是双向的。由于笔者坚持总体设计造型有大的圆筒，并坚持造型与结构一致，大的圆筒便深入地下层部分，而地下车库轴网又要求比较规整，这样，车库的布置难度还是比较大的。通过认真地多次推敲，柱网布置与车位数目计算同时进行，形成了本图，满足了停车数目要求。

7.8 米柱距停三部车的概念一直记忆犹新。后来，逐渐理解了柱子的尺寸等因素加上去之后，停三部车的柱距应当适当大于 7.8 米。但是，基本的停车库的柱网尺寸、排车位的方式，还有结构、上下坡等的关系，这些基本概念，在那时候已经开始有体会了。

一句话，设计、分析、计量同步进行。

有一个误区，学习建筑设计，就不需要数学知识了，这是错误的。事实上，学习建筑设计，会一直有诸多加、减、乘、除的基本数学问题，而这些基本数学问题，有时恰恰是建筑设计的基本问题。至于作为艺术实践的建筑，与作为科学基础的数学，其最高意义的美，有相同、相通之处，那更是人人可以理解的。

一句话，至美同理。

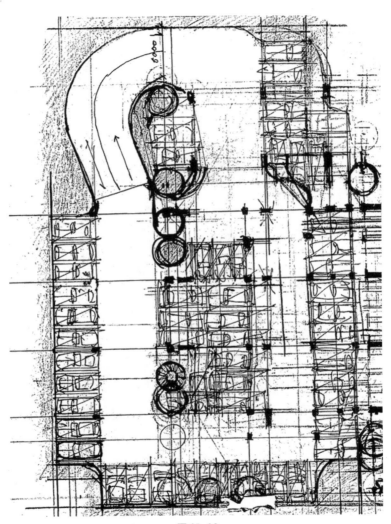

图 05-06

图 05-07 　 JD1986 秋季旅馆设计草图——首层主体

时间：1986 年秋季（大学四年级）　 工具：炭笔、A1 草图纸

一句话，让思绪流畅，图面可以潦草，关注于将诸多细部确定下来。

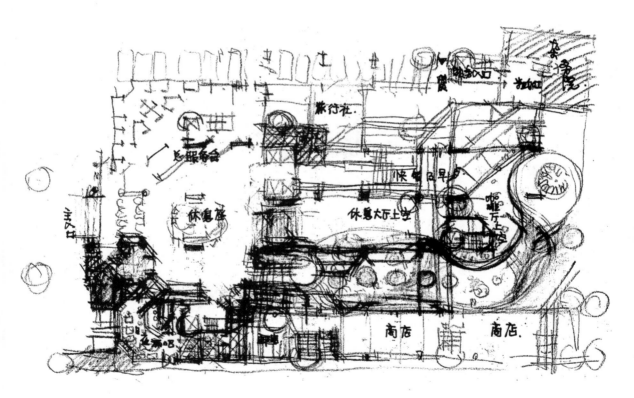

图 05-07

图 05-08   JD1986 秋季旅馆设计草图——主要立面

时间：1986 年秋季   工具：炭笔、草图纸、丁字尺、三角尺

本图是旅馆的立面表达设计，大的形体关系与细部设计同步推进，而细部绘制画少数而"有效"的，重复的立面细部则省略不画。

一句话，把重点放在推进设计上，疏密自然。

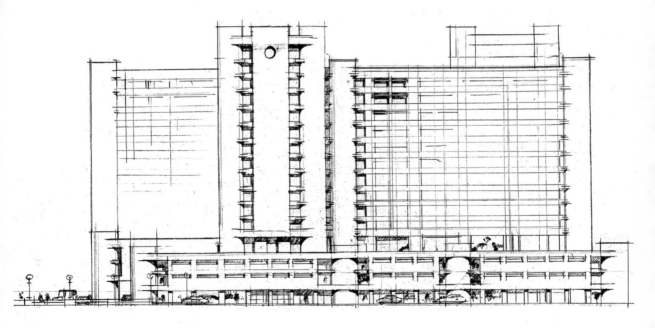

图 05-08

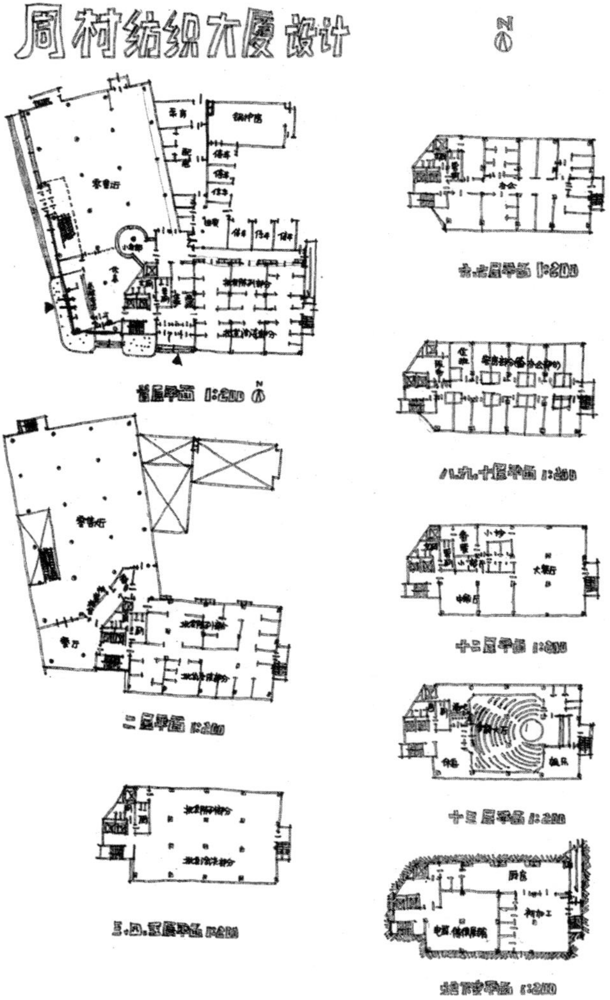

图 05-09

5.4 平面的简明梳理

图 05-09 JD1987 秋季周村纺织大厦设计草图——平面

时间：1987 年秋 工具：草图纸、细彩笔

一张 A0 的图纸，使用拓描加修改的方式重新归纳整理设计思路，而是将功能进行综合梳理，清晰落实到各层平面。

5.5 敢于画大透视

图 05-10 JD1987 秋季周村纺织大厦设计草图——透视（右图）

时间：1987 年秋 工具：彩铅、草图纸、炭笔

一张 A0 的图纸，建筑表现适当强调素描关系，充分利用草图纸的柔软性、透明度、灰调子。

一句话，尝试多种表现手法。

图 05-10

5.6　在同一张纸上以不同尺度同时展开

图 05-11　JD1988 春季毕业设计中国艺术院设计设计草图（右图）

时间：1988 年春（大学五年级毕业设计）　工具：草图纸、炭笔

本图是作者大学五年级的毕业设计草图，从图中可以看到在一个很小的范围内能推敲很多细致的东西。

徒手线条表达，也可以进行一些设计手法尝试，如斜线的穿越、形体的扭曲，这些都是很容易做到的，并非只有计算机可以做到。

笔者认为，我们要认真地学习计算机，但是不能依赖计算机。

几十年以前，计算机还没有普及到建筑设计领域，同时，可供娱乐的事物很少，反而给了人们更多的想象空间。

建筑从业者，往往是因为寂寞而专注，而专注地干一件事情，必然会有收获。

学习的氛围意义很大，学习期间应该营造良好的、刻苦学习的氛围。

一句话，因为寂寞而专注，因为专注而不寂寞。

第一期工程首层平面 1:1000

图 05-11

图 05-12　JD1988 春季毕业设计中国艺术院设计设计草图——局部 01

时间：1988 年春（大学五年级毕业设计）　工具：草图纸、炭笔

本图重点在于功能组织、墙体的画法，不太注重线条本身，但是每一个交接处都画得非常肯定，这也是线条表达应一贯坚持的原则。房间的大小、空间的划分清楚，右上角的高层塔楼采用了外框内筒结构。

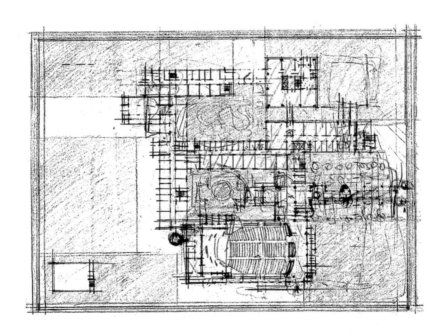

第一期工程首层平面 1：1000

图 05-12

图 05-13　JD1988 春季毕业设计中国艺术院设计设计草图——局部 02

时间：1988 年春（大学五年级毕业设计）　工具：草图纸、炭笔

在同一张草图中快速地将不同方案特点表达出来，同一个形体，推敲了四种不同的方案。

左上角，强调实体，开洞型小窗。右上角，有退台形体变化。左下角，强调板面与体块穿插。

右下角，强调玻璃弧面的设计。

图 05-13

图 05-14   JD1988 春季毕业设计中国艺术院设计设计草图——局部 03

时间：1988 年春（大学五年级毕业设计.）   工具：草图纸、炭笔

混凝土实体圆筒楼梯、板式混凝土结构、有规则的窗洞，三者交叉产生韵律。

一句话，运用不同的画法表现不同的形体。

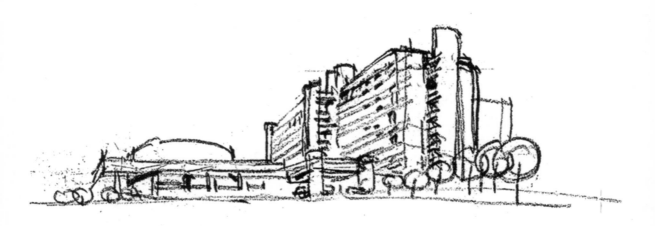

图 05-14

图 05-15　JD1988 春季毕业设计中国艺术院设计设计草图——局部 04

时间：1988 年春（大学五年级毕业设计）　工具：草图纸、炭笔

加入坡屋顶的手法，形成形体的错落。

手法相对轻快一些，随着思路随笔而成，在交叉处画得更加肯定一些。

图 05-15

5.7 简单的表达与确切的内容

复杂的建筑，其基本组织、功能细化、造型设计，是一个有走向而混合推敲的综合过程，要在草图阶段进行不同的对比。

图 05-16 JD1988 春季毕业设计中国艺术院设计设计草图——平面 01

时间：1988 年春（大学五年级毕业设计） 工具：草图纸、炭笔

本方案在平面中引入斜线，用炭笔绘制了一些图例，在表达上更加清楚。

一句话，学习用图例说明设计。

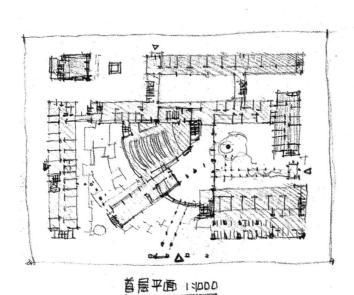

图 05-16

5.8 不同的形式组织

图 05-17 JD1988 春季毕业设计中国艺术院设计设计草图——平面 02

时间：1988 年春（大学五年级毕业设计） 工具：草图纸、炭笔

本设计采用均匀的空间分布方式，从而形成一个又一个方形的院落。

表达方式运用了顿挫的关系表达各墙体之间的交叉点，突出交通核，尝试不同的空间布局方式。

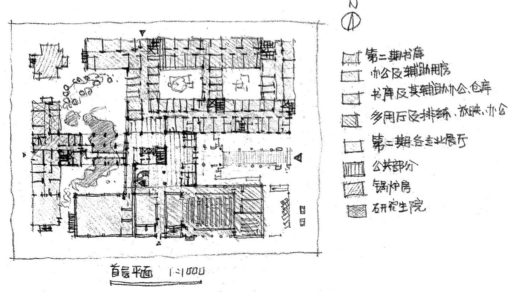

图 05-17

5.9　趋于简单而更加明确的表达

在高年级，随着设计的深入，在比较正式的草图中，应该把更多的精力放在建筑细部上。

图 05-18　JD1988 春季毕业设计中国艺术院设计设计草图——轴测（右图）

时间：1988 年春（大学五年级毕业设计）　工具：硫酸纸、针管笔、三角板、丁字尺

在本图中，少了丰富的配景，其主要内容是建筑形体的组合、建筑立面的组织、建筑细部的推敲，为数不多的草坪也是为了烘托建筑。

设计在空间中有方正的形体、规矩的开窗、延续的构架，也有斜线穿插与扭转的形体，斜的穿插构件延伸到草坪。

主要出入口使用了组合的设计手法，限定空间的构架、方形石墩、圆形石墩、对称布置的小树和草坪，等等。

简洁明确的轴测，还表达出明确的行动的流线、建筑周边的停车位，这些都用简洁的线条表达。

整个图面使用铅笔作粗略底稿，用针管笔描绘而成。

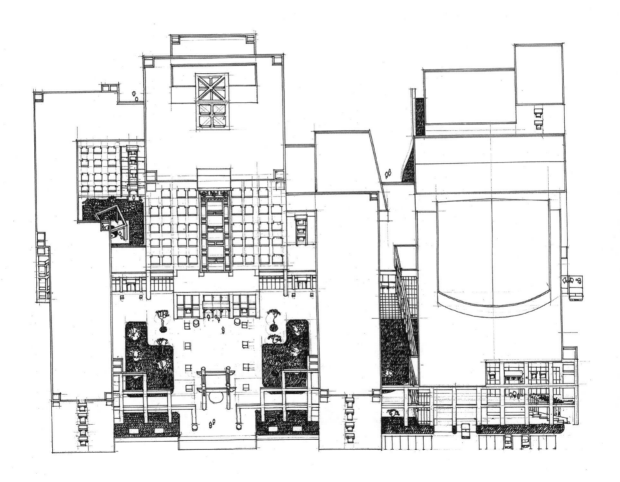

图 05-18

6 手、眼睛、大脑随时随地地互动

要明白地画，首先要明白地思考，做到手、眼睛、大脑随时随地地互动。客观的事物通过眼睛传递到大脑需要一个过滤，而大脑中的映像通过手表达出来也需要一个筛选。

一句话，从看明白到想明白需要一个过程，想明白之后还需要画明白，这就是第二个过程。如此循环，形成互动。

6.1 适当的省略

现实中，生活的场景大都丰富而混乱，在写生的时候，要注重信息的过滤和筛选。

图 06-01　JD1987 春节毛笔画 01（右图）

时间：1987 年春节（大学四年级）　工具：毛笔、普通白纸

一个低矮的小棚子，临时搭建却使用多年。小棚子依托与邻居家共用的院墙，屋顶铺油毡，油毡纸上压了砖头，墙角有花草、笤帚、蒜臼、倒扣的麦臼和盆，等等，场景很丰富。

经过过滤和筛选后，充分运用毛笔的特点来表达形体。

右上角用粗拙而短壮的笔法表达小棚子紧邻大房子的边缘，也是图面的边界；小棚子檐口则使用粗细拙柔结合的笔法。在小棚子墙体交叉处，线条适当断开，断开处描绘一些砖，将墙体的坚实感体现出来。檐口与墙体交叉部分是视觉中心，清晰的笔触自然延伸到墙上的小窗。小窗内沿上有一个瓶子和一个小罐子，小棚子的门是用木头和油毡做成的，从构图考虑，没有将其画得很完整，而只是用几笔歪歪斜斜的线条将其示意。

把看到的经过大脑分析，过滤筛选，再画出来，充分利用毛笔的特点，做到线条有粗细、疏密、连断，也有变化、省略、概括，使图面清晰而有趣味。

图 06-01

6.2 从形体组织的角度来组织线条

图 06-02　JD1987 春节毛笔画 02（右图）

时间：1987 年春节（大学四年级）　工具：毛笔、普通白纸

一堵薄墙和一扇木门划分了"堂屋"和"卧室"，"堂屋"这边坐落着一个铁皮炉子，铁皮烟囱几乎顶到低矮的顶棚，穿过墙上的一个洞，伸进"卧室"，这样尽可能长地延续有限的热量在室内的通路，让家里温暖起来。

写生时，既要将看到的东西过滤和筛选，还要有分析和调整。

墙面抹灰斑驳脱落，线条很难表达抹灰的质感，而抹灰脱落部分显露出来的青砖是线条表达的强项，用线条集中表达裸露的墙砖，并将这一组线条向地面与门框的交汇处集中。详细描绘门的上方，而这一组线条向过梁与门框的交汇处集中。

铁皮炉子，首先将圆筒体细致描绘，在此基础上有一些趣味的变形。开敞的炉门的轻薄感、水壶的坚实感都表现出来。炉子上方是用铁皮做的圆柱体烟囱，一节套一节，将每一节接口的错落及拐角处的加工缝都表达出来，在此基础上将线条稍微变形。

用铁丝挂在拐弯处的收集烟油的玻璃瓶，其描绘饶有趣味。

通往"卧室"的洞，只用了两笔弧线：第一笔较长，表达墙体这侧面的边缘线，没有交到底；而第二笔较短，表达墙体那侧面的边缘线，也是墙体与另一个空间的分界线，因而很明确地与烟囱交叉。

一句话，线条本身的趣味，是在对形体组织与变化的逻辑表达中自然滋生的。

图 06-02

6.3　随时随地地画

随时随地地画，也可以是充满趣味的。

6.3 至 6.9 节选用了笔者毕业阶段的部分图纸，是去五台山写生的调研报告的部分图纸，大部分图纸是采风回来后进行整理的。

笔者就读大学的年代，整个学习风气，或许因为寂寞而专注。同时，可以外出到外地去采风写生的机会就更难能可贵，那种历程及感受影响很长，甚至是深入人生的认识观、审美观。

那一年春天，在学校的关心和老师的指导下，我们学习小组去山西一带进行调研。

调研从北京坐夜车去山西大同开始，笔者在大同感受了云冈石窟的伟大震撼，再从大同去浑源，到了悬空寺，继而应县木塔，随后到佛教圣地五台山。离开五台山后，奔赴太原晋祠，转而河南洛阳，到了龙门石窟，一路风尘、一路收获。

图 06-03　JD1988 春季调研报告封面（右图）

本图是调研报告封面，人们常说"地下的河南，地上的山西"，河南地下文物多，山西地上古建很多。因而山西是传统建筑学习的必去之处。

一句话，可以画一画自己，画一画自己的旅途，画一画自己眼中的建筑。

调研报告　　　　雷声 1988.4.25.

88年4月1日到15日，我们中国艺术研究院设计小组五位同学从北京出发，调研了山西大同云冈石窟，应县木塔，浑源悬空寺，五台山台怀镇寺庙建筑群；太原晋祠，平遥故城，洛阳龙门石窟，白马、嵩山少林寺，白马寺，石家庄正定隆兴寺皆有真正历史价值的古建筑、群落，体味到了我中华民族情怀

- 隆兴寺实记

- 琐处杂感

- 联想

图 06-03

6.4　画一画所见

　　建筑学专业的学生，画一些人物简直就是一种休息，画自画像便是一种调侃，也可以说是一种自我个性的张扬。当然，主要还是画一些自己所见的建筑。

　　图 06-04　JD1988 春季调研报告——摩尼殿（右图）

　　本图对摩尼殿的描画是依靠现场写生再整理而绘制的，有图面和文字。

　　图中部分文字：

　　摩尼殿，位于大师殿遗址的北面，始建于北宋皇祐四年（1052 年）。面阔七间，进深七间，总面积约 1400 平方米。大殿平面呈十字形。四面正中均出山花向前的歇山式抱厦，殿身中央为重檐歇山顶。檐下斗栱宏大，分布疏朗。柱子用材粗大，有明显的卷刹，侧起和坐起。明清修葺，朴拙雄劲之风未改。

　　摩尼殿内佛坛上，供五尊金装彩塑像。正中为释迦牟尼坐像，迦叶立于右，阿难立于左，这些塑像显示了宋代匠师的高超技艺。两旁的文殊、普贤二菩萨像为明代补塑。

　　殿内各壁满布以佛教故事为题材的壁画，色彩绚丽，线条流畅。

　　一句话，调研报告可以手绘，也可以做到图文并茂。

摩尼殿——

　　位于大悲大师殿遗址的北面，始建于北宋皇祐四年（1052年）面阔七间，进深七间，总面积约1400平方米。大殿平面呈十字形。四面正中均出山花向前的歇山式抱厦，殿身中央为重檐歇山顶。檐下斗栱宏大，分布疏朗。柱子用材特大，有明显的卷刹，侧脚和生起。柱清修挺，朴拙雄劲之风极致。

　　摩尼殿内佛坛上，供正面金装彩塑像。正中为释迦牟尼坐像，迦叶立于左，阿难立于右，这些塑像显示了宋代彩塑的高超技艺。两侧的文殊、普贤二菩萨像为明代补塑。

　　殿内的墙壁布以佛教故事为题材的壁画，色彩绚丽，线条流畅。

图 06-04

6.5 不同的画法

　　现场写生，大空间和小图幅不易完全对应，因而在把主体表达准确的前提下，主体和主体之间的组合距离可以调整。

图 06-05　JD1988 春季调研报告——五台山建筑群 01

时间：1988 年春季　　工具：钢笔、草图纸

　　本图清晰地去表达每一形体，同时有些变化，适当调整了两组建筑之间红墙的尺寸，实际上中间的墙要比图面中的比例大，进而在图面上把两组建筑组合在一起。

图 06-05

图 06-06 JD1988 春季调研报告——五台山建筑群 02

时间：1988 年春季 工具：钢笔、草图纸

图 06-07 与图 06-06 是两种不同的风格图，可以看到同一个塔采用了不同的表达方式。

本图描绘下午的景象，有大白塔、民居、建筑、远山等。对近处的明暗关系的描绘更加强烈一些，而中景和远景则渐弱。稍微带一些素描关系，强调交接处。

一句话，在写生时，不要死板地考虑风格与手法，要使用适合当时当场感觉的手法。

图 06-06

6.6　画一画所思

　　眼睛看到的景象总是能引起我们的思考，将思考的内容随手随地地画一画。

　　建筑设计就是形体设计，小到一把椅子，大到一个房子，我们落实的更多的是一个形体、形态、色彩，眼睛可以看得着的，手可以摸得着的，我们的身体可以感受的东西，在交界处一定要抓紧。不管线条本身是如何的流畅自然，在它的交接处都需要明确肯定的线条表达。

　　图 06-07　JD1988 春季大同善化寺写生（右图）

　　时间：1988 年春季　　工具：草图纸、钢笔

　　现场写生，用时约一小时，回来后重新绘制。

　　学习传统木质建筑，线条表达很为适合。本图构图完整，线条使用拙朴，交接处画得非常肯定，椽子下边的密集的线略带光影效果，但不是刻意地追求光影效果，构件的交叉处线条加重、加粗。每一个构件都画得非常清楚，下边的木质斜撑结构画得非常结实，并稍微进行了夸张，有了一定的弧度，使整体造型更有力度。

　　一句话，还是那句话，将构件画清楚，肯定构件的交接处。

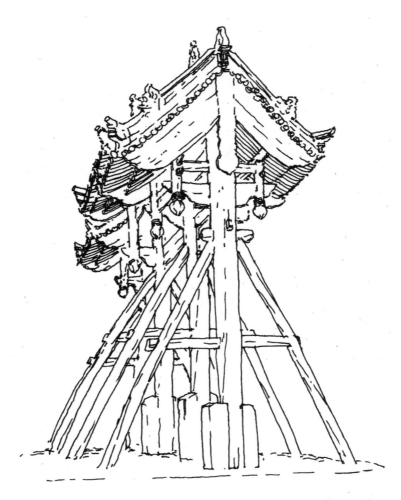

大同善化寺大雄宝殿前檐角楼.

图 06-07

6.7　石头洞窟

当线条训练到达一定积累的时候，一种"疏可跑马"的意境便会自然涌现。

图 06-08　JD1988 春季大同云冈石窟写生（右图）

时间：1988 年春季　工具：书写纸、钢笔

对形体很好地把握，大的轮廓线的完整和小的轮廓线的断续形成对比，准确的表达自己的感觉，继而关注构图的完美。应用很多断线，石窟经年侵蚀，棱角不再清晰，许多地方难用一根线条来表达，如图中的两个飞天，形体优美饱满，边界却有些模糊，使用线条要适当地进行一些省略，更多地画它凸起来的部分。

JD1988 春季大同云冈石窟写生当时配文：

这是欲望，人像鸟儿一样自由飞翔，两跨像幽灵一样地徜徉，

无法解释的关节是如何生长，可这又确是人的形象。

这是欲望，众佛齐聚一壁之上，罗汉们正在活动筋膀，

擎天的人儿摇摆彷徨，肥美的躯体在流淌。

这是欲望，将人间美化就是天堂，人也不知道天堂是什么样，

有一点人们明白，反正天堂不是经堂。

这是欲望，无遮无掩的天高挂太阳，工匠们漆黑的肩膀给黑暗折射上光芒，

他们默默无言地消失，留下了苦难中的美好理想。

一句话，徒手线条表达日积月累，风格自现。

大同云冈石窟石雕图老石雕彩绘

图 06-08

6.8　两个大佛

图 06-09　JD1988 春季洛阳龙门石窟写生

同样两个大佛，神态各有特色，使人感受到不同工匠的不同人生经历。

一句话，不要刻意模仿，也不要刻意凿造。

图 06-09

6.9　暮色钟声

图 06-10　JD1988 春季五台山大塔寺东入口写生（右图）

时间：1988 年春季　　工具：钢笔、笔记本

光线特殊，单用线条是不够的，用密集的线条组织形体与光影，夕阳从背后投射过来，建筑轮廓壮美，红墙阴影鲜明，飞鸟悠然自在，一幅宁静祥和的场景。

一句话，惜拙笔不能达也。

图 06-10

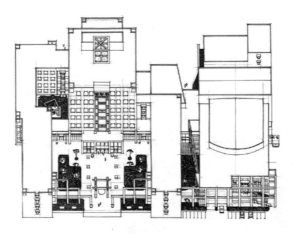

第三部分　快题、风格、意境
——让我们的手自在

7　快题设计与表达到位

　　快题设计，是考研、找工作之必须，而与快题设计有相似之处的草图设计，更是在工作实践中设计与交流的核心内容之一。而这些的基础，都离不开徒手线条表达。明确徒手线条表达的目的，围绕设计能力的提高，紧密结合学习过程，持之以恒，是切实提高快题设计能力的根本。

　　一句话，提高快题设计能力，需要一个稳定的时间段进行训练，不可一蹴而就。

7.1　快题设计不是一张画

　　快题设计最终表达在图面上，图面质量的高低很大程度上影响着快题设计的效果。因而许多同学，在做快题设计的初步阶段，会把追求图面效果放在首要的位置，花大量的时间，使用马克笔等工具，进行复杂而费力气的图面渲染，但在有限的时间内，这些绘制不可能很精准，而又花费了大量时间，所以往往得不到一个好的结果。

　　其实，快题设计是一个设计，而不是一张画。做快题设计有三个要点：

　　构思立意、时间安排、设计表达。

　　其一，快题设计是一种建筑创作方式，体现了设计者的多种综合素质，并非表面上看到的一张画。作为一个设计，其构思立意是不可或缺的，而这需要的是基本的专业设计知识。

　　其二，快题设计要求设计者在较短时间内完成审题，把握设计要求，整理设计要素，进行创造性思维，并表达出来。时间安排是决定快题成果的直接因素，从现实角度看，也是最重要的。

　　其三，设计表达是贯彻始终的，而表达的内容首先是设计，而且要在规定时间内表达完整。其表达内容不是渲染的蓝天、涂抹的草坪、含含糊糊的加粗加重，也不是很炫的色彩和线条。如果有这些，也是围绕着突出设计而有条理组织的。

总之，快题设计是整体设计能力、理解分析能力、方案构思能力、图纸表达能力等多方面能力在限定时间内的集中体现，其形式是一张图，不是一张画。

一句话，快题设计不是一张画，其形式是一张图，而其实质是各方面能力的限定体现。

7.2 快题设计之设计

既然快题设计其实质是各方面能力的限定体现。那么，就应该有目的、有节奏、分阶段地训练快题设计，具备可以随时进入状态的素质，这就是快题设计之设计。

首先，每一次快题设计训练，必须保证做设计的时间。

合理的时间安排是快题设计在时间维度方面的必然要求。快题首先是体现在时间上的"快"。无论课程训练、考研或是建筑设计院考试，时间大概有 8、6、4 小时等几种情况，甚至还有 2 小时、1 小时快题。而不论是几小时的快题，都可以大体分为构思、设计表达、收尾三个大阶段。

第一大阶段，构思，有设计任务书审题、分析和方案初步设计、方案再推敲设计三个小内容。设计任务书审题是必须认真做的，而再推敲部分可以与第二大阶段设计表达阶段相结合。

特别要强调的是，必须重视分析和方案初步设计，把它和设计任务书审题有机结合起来，并保证独立的时间。即使是 1 小时的快题，也必须有独立的 5 ~ 10 分钟来做草图，用笔进行一下分析和方案初步设计。这就是"必须保证做设计的时间"之第一个涵义。

第二大阶段，设计表达，是快题设计的主要时间段，一笔一笔地表达个人的设计思维，这不仅是一个画出来的过程，更是一个具体进行设计的阶段。这就是"必须保证做设计的时间"之第二个涵义。

第三大阶段，收尾，要查缺补漏，特别是文字部分，还可以进行图面美化。

一句话，即使是 1 小时的快题，也必须有独立的 5 ~ 10 分钟来做草图。

构思阶段的审题和设计有以下几个主要方面：

其一，理解规划要求，如项目规划控制指标、建筑的退界、建筑入口位置设置、基地保留树木要求等，同时一定要注意建筑红线的位置。

其二，明确项目性质、建筑规模，特别是主要使用者，如是文教建筑还是行政建筑，是附属的还是独立的，还要注意限定词。比如五个班的幼儿园、县城的图书馆、居住区会馆、公园茶室等。

其三，注意项目的主要功能及特殊功能的要求，如卫生间隔间的个数要求，再如多媒体教室、展厅、综合办公楼中的会堂、多功能厅等的层高要求等。

这些内容还可以概括为：由外到内的环境制约和由内到外的功能制约。前者是解决车流、人流、建筑朝向、建筑景观、建筑形态及其与周边建筑的功能关系等，后者是解决各功能空间流线要求、面积分配、开放程度、动静需求等。

同时，还要明白，以上内容有的是常识性的，有的是专业基础的，并非在任务书中一一罗列，这一点有赖于平时的专业学习与积累。

分析和方案初步设计阶段，可以画一些很小的图。这些图可以是主要的构思立意的勾勒，也可以是平面图、立面图、节点大样图、室内室外效果图等一套很小却明确的设计图，还可以只是其中一部分。这时候的小图不求表达细致完善，只求表达清楚自己的构思立意。画小图，可以少占用时间，便于更改和推敲，梳理构思立意。

一句话，养成习惯，用 1/10 时间画很小而清晰的图纸。

收尾，是与设计表达阶段有机结合的，但它有独立性，特别在比较长时间的 6 小时、8 小时快题中。要有把时间用足的好习惯，不要追求早交卷的"潇洒"。收尾是对审题和构思的回应，要抬起头来看一下自己的原创构思是否得到了表达；收尾也是一个对自己成果的检查，特别是指标数据的计算和说明文字，要在这个阶段完成；收尾还可以是自己设计的又一个亮点的出现，如利用还有的一个小时甚至半个小时画一个进一步表达自己设计特点的透视、轴测或局部大样，这会使自己的设计更加让人理解，进而获得更好的结果。

一句话，"设计养成"既包含好的开始，也包含好的收尾。

7.3 快题设计的三个评价层次

一个完整的快题设计的评价标准有多个内容，也会依据出题的目的而改变。而从普遍角度来看，快题设计的评价标准可分为以下三个层次。

其一，**表达完整**：是快题设计最基本的要求。一般包括总平面图、平面图、立面图、透视图，这些都是我们所熟知的。还可以有分析图、细部图等。符合题目要求是基本的，还有常识性的绘制，如：指北针、剖切符号、图名、房间名称，等等。

其二，**设计基本准确**：是快题设计成功的关键。要全面回应任务书的各项要求，做出符合规范和常识的设计，并体现为表达完整。要注意场地是否有高差及如何利用，适当进行基地道路分析，确定主、次入口，还有建筑朝向、面积、功能、风格的准确表达等。

其三，**个性与品质**：是快题设计获得好成绩的突破点。一个好的快题设计，应做到设计和表达都有特点而且有机结合。比如一个与地形及功能结合得很密切的室外楼梯，通过一个清晰而有美感的角度表达出来，线条生动而有序，色调清新而淡雅。这就需要学习者既要深入学习建筑知识，又要经常进行徒手表达练习，两者互动，缺一不可。

一句话，一个完整的快题设计，图面表达完整、设计基本准确、初具个性与品质。一个好的快题设计，设计和表达都有特点，而且两者有机结合、有亮点。

7.4　多做一些稍长时间的训练

　　一个优秀的快题设计，是在规定时间内，用有美感的方式表达自己有品质的建筑设计（而不是其他的）的理念、手法、内涵。

　　不局限于快题设计时间的限定，多做一些比一般的快题设计时间要长的训练，是很有必要的。这样的训练，可以有一两周的，也可以有一两天的，目的在于确保设计有一定深度，然后逐步压缩时间。必须通过这样一些训练，才能够达到在短时间内，快速表达自己的设计水平而不仅仅是绘画水平的目的。

　　要进行更多方式的稍长时间的训练，或者有意识地把自己做的设计都作为有时间限定的设计。

7.5　线条与尺寸

　　稍长时间的快题训练应该比较规范地标注尺寸，形成徒手训练、表达准确、设计提高、快题加速的良性循环。图面配以准确的数字，可以进一步阐述自己的设计。

　　图 07-01　JD1992 春季小住宅设计——平面（右图）

　　时间：1992 年春季（研究生二年级）　工具：0.3 和 0.6 号针管笔、硫酸纸、黑色墨线

　　先在一张硫酸纸上绘制草图，再使用一张硫酸纸蒙在上面描绘，进行设计修改调整，完成本图。图中没有太多的场地描绘。线条组织集中表达设计内容：承重墙、非承重墙、厨房的布置、吊柜，等等。尺寸标注比较规范，接近粗糙的初步设计图纸。

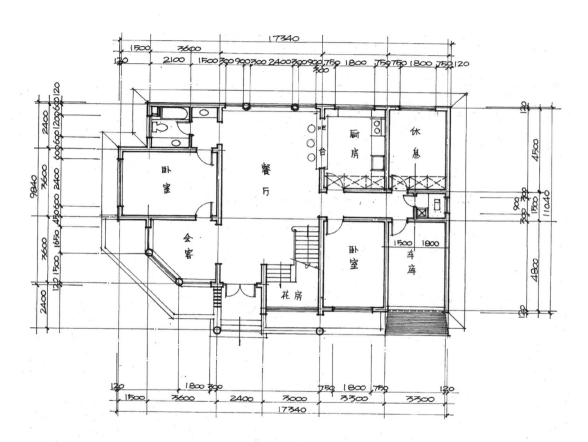

首层平面图 1:100

图 07-01

7.6 大规模建筑的快速表达

快题训练可以多做一些时间稍长的训练，也可以做一些规模较大的设计训练。这样的训练，不仅有利于面对规模较大的快题设计，更有利于实际工作。

针对大规模建筑的这些特点，快速表达有以下三个特点：

其一，草图设计初期阶段，要更多地过滤和省略。把那些与主体空间和基本造型关系不大的内容暂时简化。例如，我们曾讲过，"一堵墙不是一条线"，而在大规模建筑草图设计初期阶段，可以把空间的界面、一堵墙、一面玻璃幕，甚至一组形体，简化为一条线。同样地，也可以把一棵柱子简化为一个点。这样有助于我们把握主体空间和基本造型。

其二，草图设计初期阶段，要注重主体空间和基本结构的同步思考，还要有基本的建筑设备知识作支撑。

其三，草图设计初期阶段，要为下一步的方案深入设计留有基础，还要有绿色、节能、低碳等初步设计思路。

在今天，大规模建筑的设计入门途径多种多样，线条草图有时仅仅在草图设计初期阶段使用；大规模建筑的"表皮"也成为一个从开始就思考的整体问题，"一堵墙不是一条线"的概念得到更深刻而丰富的注解。所以，以上三点，都强调了仅仅针对"草图设计初期阶段"。

图 07-02 ~ 图 07-08 是作者在研三期间参与的某大厦的设计方案初期阶段所绘制的草图。时间：1993 年春季（研究生三年级）　工具：0.6 号针管笔、硫酸纸、黑色墨线，是使用最简单的线条表达成体系的设计

图 07-02　JD1993 春季某大厦方案设计——首层平面

　　本图很清楚地表达了设计环境的边界，包括道路的边界，道路的退让，主要出入口的位置，主要疏散楼梯和主要交通核的位置，特别是轴网设计。

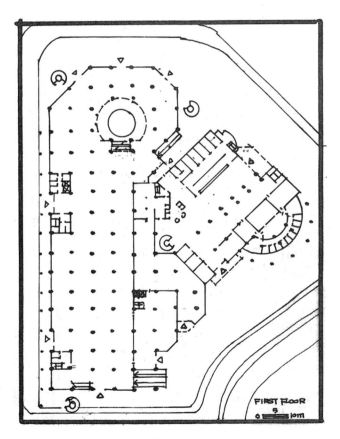

图 07-02

图 07-03　JD1993 春季某大厦方案设计——二层平面

　　二层平面除了表达对应一层平面中的设计内容外，还简洁示意了二层周边连廊和城市环境的空间关系，如右上角的箭头表达了该建筑与其他建筑有一个跨越城市道路的联系。

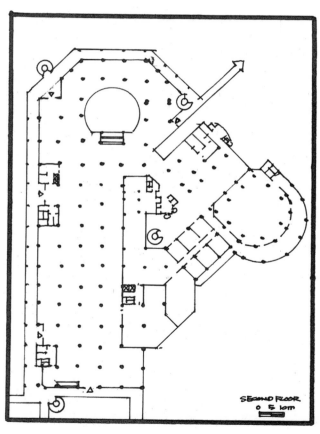

图 07-03

图 07-04 JD1993 春季某大厦方案设计——三、四层平面

使用 0.6 号的针管笔更加概括化、示意化地表达承重墙、承重柱、围合界面，简洁而清晰地表达了自己的设计意图。

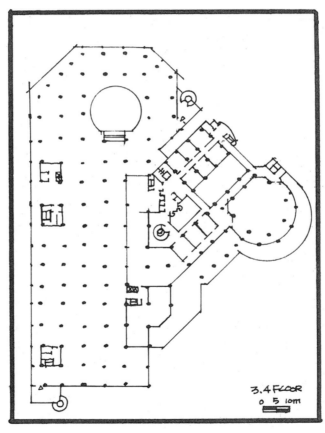

图 07-04

图 07-05　JD1993 春季某大厦方案设计——五至七层平面

本图表达了设计过程中体形变化的过程，特别是退台的过程。

一句话，简洁不是简单。

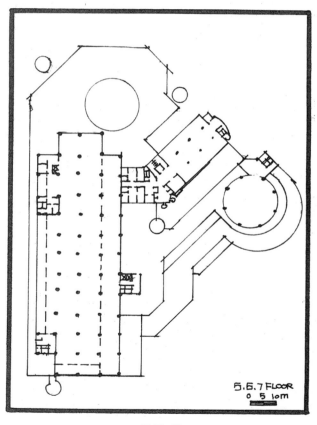

5.6.7 FLOOR
0 5 10m

图 07-05

图 07-06　JD1993 春季某大厦方案设计——八至二十四层平面

　　左侧疏散楼梯的位置，考虑到顶部有退台的变化，没有将其放置于端头。简洁的直线与弧线绘制很容易，而设计的内容却是要经过思考的。

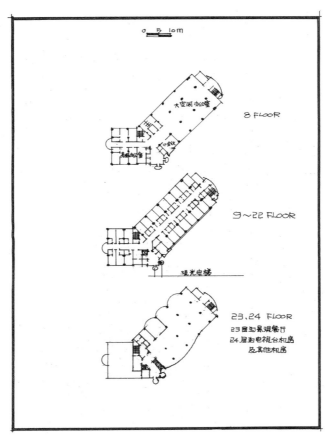

图 07-06

图 07-07　JD1993 春季某大厦方案设计——沿城市道路立面

　　本图使用 0.6 号针管笔在硫酸纸上进行绘制，在硫酸纸的背面部分使用了马克笔涂色，涂色表达了不同的材料质感，在沿街立面材质选用了玻璃幕墙。用线条疏密粗细，表达了清晰的形体组织和一定的光影变化。

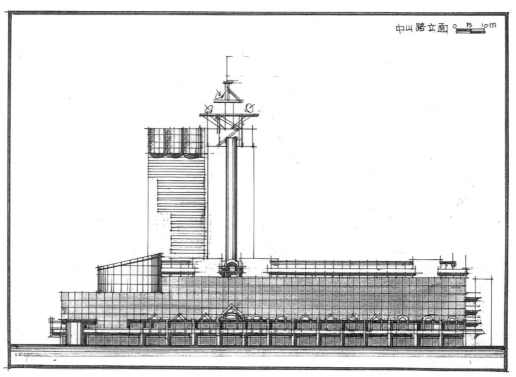

图 07-07

图 07-08　JD1993 春季某大厦方案设计——沿湖面透视

　　本图用时约 1.5 小时，用针管笔和马克笔、水彩、水粉相结合。针管笔描绘形体，透水彩色表达天空和大面积玻璃幕，马克笔强调弧面光影变化，水粉点缀灯光。

图 07-08

7.7 参加竞赛是提高快题设计能力的有效手段

快题训练当中要避免一个错误的认识，就是只训练 3 小时、6 小时等针对性很强的训练，这种太过功利的训练其实并不利于设计能力的提高，而只是训练规定时间内画完图的机械动作，会产生厌倦，会失去思考。

一句话，太过功利的训练并不利于快题设计能力的提高。

快题设计能力的提高，根本在于整体设计能力的提高，必须通过完整的设计过程来实现。稍长时间的训练、大规模设计的训练是有效的手段，竞赛是细节和过程训练的有效手段。

图 07-09 ～图 07-17 是一整套设计图及其局部，是研究生一年级课程设计，是一个国际性的建筑设计竞赛——华人学者聚会中心的参赛作品，是为时一个月的设计的结果，经过了多次草图设计和修改。本套图纸的设计与前一案例的图纸相比，有很大不同。

在研究生阶段，徒手线条表达依然是一个很重要的学习内容。在研究生阶段，设计思路要更放开；理念和想法要更落实为设计。研究生的设计课程主要训练的还是设计能力。

一句话，研究生要画图，要做设计，而细节和过程训练更是提高整体设计能力的重要手段。

图 07-09 ～图 07-13 有一套统一完整的构图组织，标题文字的组织用了局部复印拼贴的手法，严谨一致。当然，研究生课程设计主要训练的还是设计能力，绘图乃至构图都是设计的表达，构图的细节也是设计的细节。

时间：1991 年春季（研究生一年级）　工具：0.3 和 0.6 号针管笔、A1 硫酸纸、黑色墨线

一句话，画图、设计、组织，似乎总离不开一个"构"字。

图 07-09 JD19910419 华人学者聚会中心方案设计正图 01

本图主要内容为两个：一个是城市尺度上的环境示意（复印拼贴），第二个是地块周边环境的分析图绘制，总体布局的想法是对北二环路与雍和宫大街交叉口的避让。雍和宫是典型的历史古迹，新设计的建筑物不应该打破这个格局，更应该采用的是空间避让方式。

一句话，分层次表达从大尺度环境到地块环境。

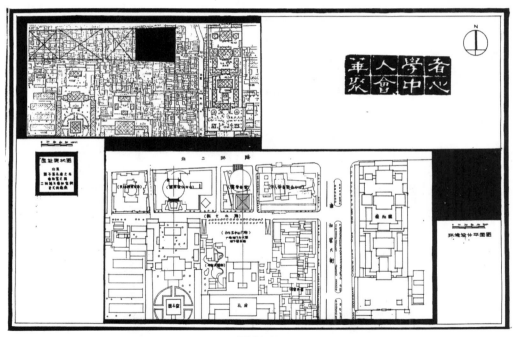

图 07-09

图 07-10　JD19910419 华人学者聚会中心方案设计正图 02

左上角为总平面，总图东北侧有退进的形体变化，与北二环路及雍和宫大街交叉口形成退让关系，西侧形体集中。南侧沿东西方向街道采用非常谨慎的平行处理手法，南立面主入口做了一个出挑的雨棚，在临街人行道的上方。右图是南立面主入口透视。

一句话，要把形体组织和设计特点表达清楚。

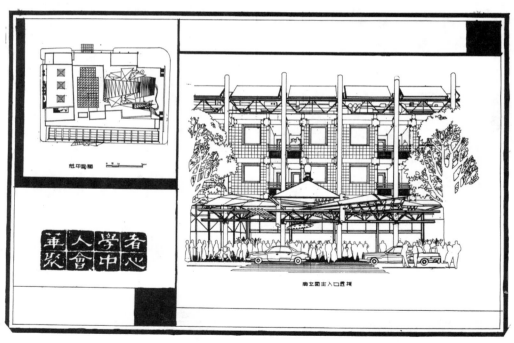

图 07-10

图 07-11　JD19910419 华人学者聚会中心方案设计正图 03

本图是首层平面和地下层平面。设计追求材料的纯和技术上的新，同时运用内部空间的有趣味组合手法带来"似曾相识"的空间感受。厚重的墙体采用雍和宫"红墙"纯净而沉重的效果，轻薄的围合墙体采用无色全透明玻璃，形成似曾相识而对比强烈的兼容。

一句话，不张扬的，也可以是新的。

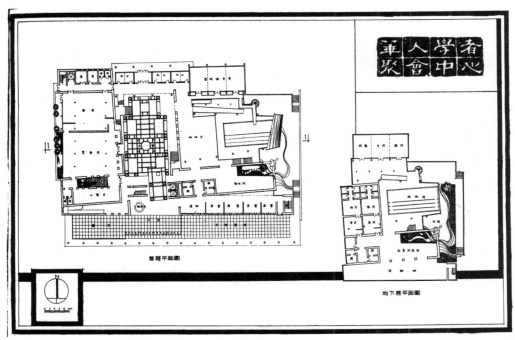

图 07-11

图 07-12　JD19910419 华人学者聚会中心方案设计正图 04

本图是二层平面和三层平面。一个长方形的没有形体变化的形体（客房部分）恰好完整保留了街道基本形体界面的统一性。而对尺度很大的东北侧东西方向则组织了有对比变化的形体。设计和周围的三条主要道路产生互动的关系。

一句话，把对环境的思考落实为设计的形体组织直至细部设计。

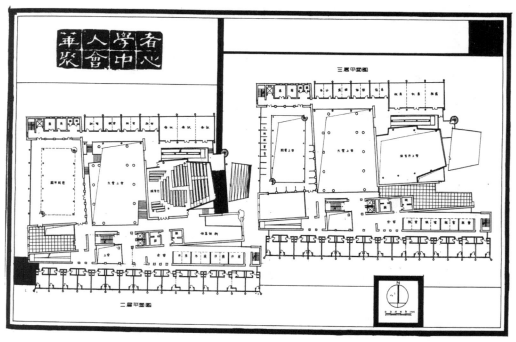

图 07-12

图 07-13　JD19910419 华人学者聚会中心方案设计正图 05

本图是两个立面图和一个剖面图，面对北二环路的北立面尺度做得稍微大一些，造型比较张扬，但形体是退让的。南立面尺度做得稍微小一些，与街道保持谨慎的平行关系。在剖面图中可以看出，内部空间变化比较丰富。

一句话，不同的体量处理可以用统一的线条组织来表达

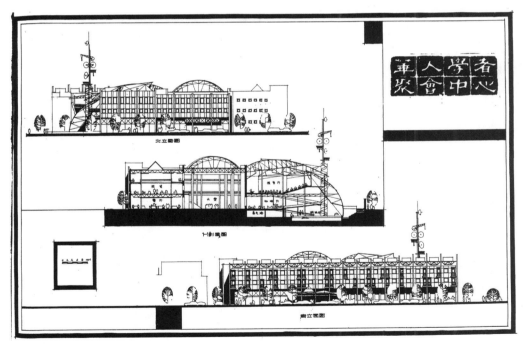

图 07-13

7.8 竞赛不仅是"理念"

以竞赛作为训练提高自己的设计能力，是一个好的方法。这种竞赛可以是外部大范围组织的，也可以是自己设计题目组织的。无论哪种方式的竞赛，对于徒手线条表达，要有意识地控制手绘的时间，大致以一个月为宜，可以分为三个循环，这种节奏，比真实的快题考试时间长、强度大，但又不至于因拖沓而演变为无时间限定的自由漫想，有利于以设计提高为核心来提高快题设计的能力。

抓住一个有难度的题目，十天一个循环，重复几次完整的深入设计，对提高整体设计能力和快题设计能力，都很有意义。

要始终坚持自己思维的火花，并将其落实为具体的、可以描绘的形态。对于徒手线条表达，这种描绘就是从混乱到有序的线条组织。组织与过滤的过程，不要失去了激情，而要把激情凝固。逐步理清思路的逻辑性，突出细部的独特性，将自己的想法用建筑的语言表达出来。

坚持画，画的细部，一定程度上就是设计细部的萌芽。

原则上，坚持自己的火花，坚持不断地画。步骤可以是错位的，但原则应是坚持的。

图 07-14　JD19910419 华人学者聚会中心方案设计正图——地下平面（右图）

本图是地下平面，初学者对于地下层平面设计，往往投入精力较少，但这样的训练也是应该做的。设计用了一些厚重的墙体围合封闭的空间，用活泼的边界组织了下沉庭院的设计，厚实墙体与玻璃墙体形成的空间渗透，形成一些趣味。

在训练中花一些时间研究墙体的组织形式是很有必要的。

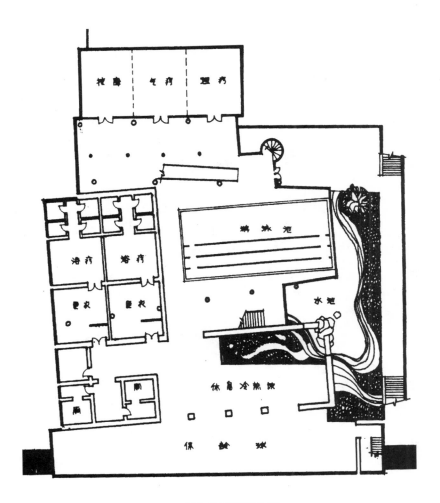

地下层平面图

图 07-14

图 07-15　JD19910419 华人学者聚会中心方案设计正图——首层平面（右图）

设计试图探索矛盾中的一致、庄严中的变化。

布局上东侧灵活、西侧厚重、南侧规矩、北侧体量大。

进入门厅后有收缩的空间变化，有横向为主的厚重的墙体。

厚重墙体限定了三个交通部分：有一组电梯、一个楼梯、一个坡道。楼梯和电梯对应布置，中间铺地界格富有装饰性和图案性。厚重墙体限定的坡道形成一个楔形的空间，在其端头设置小窗，空间形成由放到收的变化，而坡道的出入口又与沿街餐厅产生渗透联系。

门厅左侧设置了一个造型独特的服务台，当时定位该会议中心不是完全开放型对外接待的宾馆，而是更多完成集中性的会议接待，因此服务台没有采用长方向延伸的形式，而是将咨询和接待功能放置在一起。因此，也没有考虑散客驾车停车问题，而是设定用车方式以会议统一组织为主，出租车为辅，随来随走。而实际上，这个地段也难以组织大型停车。

进入大堂，左有宴会厅，右有咖啡厅，三者分割均使用厚重墙体，宴会厅和厨房的空间分割非常清楚而联系方便。

设计中厚重墙体和大面积玻璃对比使用，形成不同空间特点。厚重墙体是雍和宫和国子监相同的特点，这是一个背景意象，并有更深、更广的环境涵义。建筑总体特点西侧收紧，使用厚重墙体较多；东侧灵活，靠近雍和宫大街的部分空间做了退让，更多采用了一些开放型的建筑界面，如大面积的玻璃、细且圆的钢柱，还采用了开敞坡道和楼梯。西侧大餐厅空间西边界并没有放在厚重墙体上，而是与之拉开一定的距离，采用玻璃墙，这样以厚重墙体为背景，形成一个窄长有趣、采光与观赏兼备的庭院空间。

而这些设计的细部都是以不同的线条组织来落实的。

一句话，表达即设计。一个空间界面，其实是由若干细部组成的。

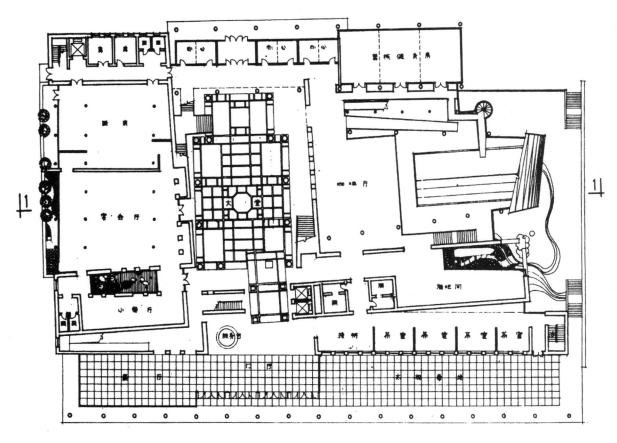

首层平面图

图 07-15

设计应该有深度，但是这样的设计养成往往对提高自己的设计能力，尤其是短时期内提高自己对空间变化的把握能力，特别是把空间做得有趣味，是非常有必要的。因此我们不要太功利地去训练自己的快题能力。

一句话，较长时间的课题训练对提高短时间快题设计的能力很有意义。

表达可以不遗余力，当然设计者如果对一些配景比较感兴趣也可以多练习，因此这些语言在创造气氛方面还有着重要的作用的。但是要把握好"度"，不要画"过"，还要使它们和自然环境有一个很好的协调。

图 07-16　JD19910419 华人学者聚会中心方案设计正图——三层平面（右图）

中实体墙与玻璃墙的对比组织比较清楚。对比首层平面，可以看到在空间组织上，越往上，空间做得更加通透明快。大堂上空是一个比较高的空间。

三个大的形体与南侧比较规则的客房部分交叉用了一些小角度的斜线，穿插楼梯、电梯和坡道及一些休闲空间，而在直线和斜线交接处，则是最主要的交通核。

图书阅览采用了巴西利卡的空间组织，二层有一个大的环廊。

整个设计有严格的限高，因此南侧的客房层数不多。另外，在设计上，每个客房的尺寸都和标准客房不太一样，除了卫生间、卧室要满足功能的基础尺寸外，在阳台部分进行了一些趣味性的变化。

不要简单地把每一层的墙体关系都做得一样。

三层平面图

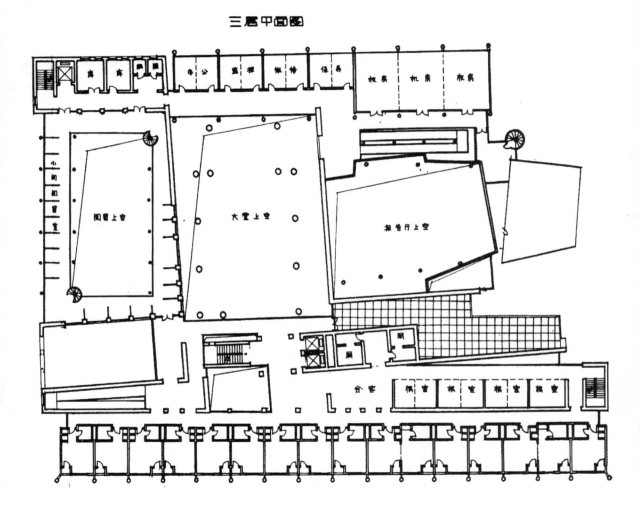

图 07-16

7.9 手法、技法的综合训练

图 07-17 JD19910419 华人学者聚会中心方案设计透视（右图）

本图是建筑南立面主要出入口透视。

设计采用了一些笔者当时自以为是的建筑设计"词汇"。

入口设计用了追求"并存、共置"的"词汇"组合，材料上用了各种尺寸与造型的钢和玻璃的组合，细部采用现代的材料技术的"结构"来表达传统审美的"解体"与"衍变"。有"亭子"、"牌楼"，也有"无影灯"。顶部的斜面其实是太阳能板。理念与想法固然重要，但是更重要的是如何将理念与想法表达出来。

线条表达严格围绕设计形体来组织。对于一些人、车、树配景尽量采用概括的手法。

每一个人，都有当时的"理念"，重要的是，把自以为是的东西落实为"细部"。

本图左、右两边的树是在草图纸上完成草稿后，用透明硫酸纸描绘的方式绘制的。仔细看会发现，左、右两边的树有一个相似或者对称的关系，这样也能在一定程度上提高画图的效率和图面的整体感。同时，在描绘的过程中，有意识地添加一些局部的不同，会使图面更有趣味。

画树的过程，也可以"设计"一下。

配景与环境的协调不是一句空话，无论其位置还是线条组织都要和整个图面协调，不去抢设计的主体地位，同时线条的疏密要和整个图面一致起来。临街采用了平行于街道的规整的空间组织，能够看到一些小尺度的空间变化。阳台开启的位置，有左、右的错位变化，有一些随意"组合"的意味。

一句话，规整中，也可以做出一种趣味。

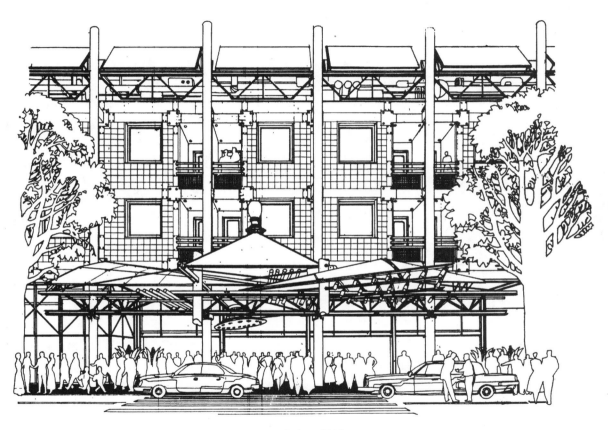

南立面主入口透视

图 07-17

8 积极面对不同的设计

不刻意地追求表达的风格，有几点含义。

其一，风格首先应该是建筑设计的风格，这个是建筑设计师孜孜以求的，应该结合自然环境追求个性风格。

其二，表达的风格应该围绕着设计的风格，因此不要刻意去追求表达本身的风格。

其三，刻意地去追求表达的风格会限制设计本身，甚至有不好的影响。

积极面对不同的设计，多加训练，在训练过程中，会水到渠成地形成自己一定的设计风格，进而会有几个自然形成的方向性表达的风格。

一句话，积极面对不同的设计，没有必要去拔苗助长地追求自己表达的特点。

8.1 街道、城市广场

街道广场设计内容很多，包括建筑物和建筑附加的东西，还有人的活动。

图 08-01 JD1991 春季某街景设计草图（右图）

本图设计的是黄昏后的步行街，将茶座布置在中心的位置，对两边的建筑物进行了少量的描述，重点描述建筑物的边界到街道中心的空间变化。

线条使用介于严谨与放松之间，在人物线条疏密上进行了很好的组织。而铺地则远处的密一些，近处的疏一些，和树的表达相结合表达空间的深度，远处的街景表达，采用密集一些的线条表达玻璃墙，实体墙结合不同的变化，而近处的则疏一些。

图面疏密组织有序，表达了空间的进深和变化，透视线方向清晰，灵活而不死板，把人们在惬意的黄昏消夏的场景表达出来。

图 08-01

8.2　室内装修

室内装修设计，内容也很丰富。

图 08-02　JD1990 冬季某宾馆室内设计草图 01

此图仅用半小时完成，透视基本准确，没有过分追求透视的精确，某些透视线并不十分严谨。设计和绘图同步进行，同时对线脚等装饰物进行归纳，在吊顶部分存在线条错位的问题，但是形体的表达是清晰的。

图 08-02

图 08-03　JD1990 冬季某宾馆室内设计草图 02

设计中采用了对称的手法，吊顶部分采用的方形灯池重复使用，并且在墙体装饰部分运用了一些中国传统元素。近景部分的虚线将原本透视无法看到的空间边界清晰表达出来。

两张室内的图均是在短时间内完成的，充分应用透明纸的拓描作用。

在室内的表现当中，一些灵动的表达方式往往是追随设计内容的。

图 08-03

8.3 策划与规划

除了建筑、室内、街道以外，还有策划、规划、景观、意向、论证的项目，其方法与手法都不相同。

图 08-04 JD1992 秋季南方某度假村策划草图

远景、近海、近景三个层次的形体的组织，将策划意向表达清楚。

在大的远景形体组织上，三个山头轮廓线由山上的树的轮廓来表达，由有透视大小变化的小圆球组织起边界。近海的多层建筑体，强调了建筑檐下光影，水平形体与远景山头曲线产生对比。近景层次是近处低矮的游乐设施和遮阳伞。人及配景组织，远处比较密，近处比较疏。

图 08-04

图 08-05　JD1992 秋季某城市地块规划方案

本图采用尺规作图，根据房子的不同大小和场地进行线条的组织。

徒手线条也可以是规划设计中重要的表达方法。

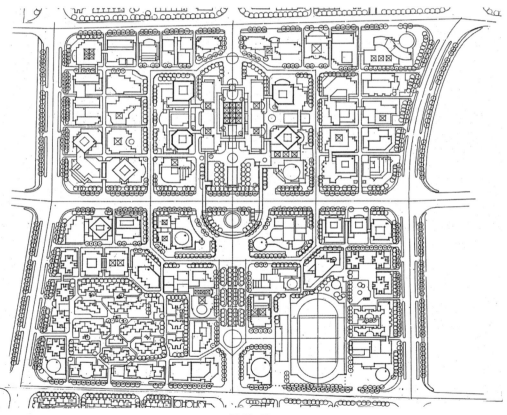

图 08-05

8.4 逐步形成自己的方法

不刻意追求风格，并不是要求不形成自己的方法。

图 08-06 ～ 图 08-12 是一个小型综合楼设计方案，每个方案设计时间为 3 ～ 6 个小时。

图 08-06 JD1992 春季小综合楼方案 A 平面图

标明了轴线尺寸，表达清晰，考虑到建筑的多功能使用，楼梯相对设计较多。

一句话，方法比手法更重要，而手法又比风格重要，依次自然形成。

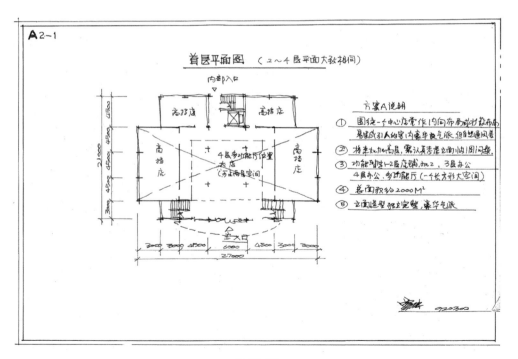

图 08-06

图 08-07 JD1992 春季小综合楼方案 A 透视图

本图为 A3 图幅，主要表现设计造型。

弧形幕墙的表达手法经过思考，针管排出有疏密变化的线条，然后用刀片刮出内部灯光的光影。配景人和车不多，但是有一个向心性的组织，朝向建筑的入口方向。

整个图面花费的时间不多，设计表达清楚，在此基础上图面具有趣味性。

图 08-07

图 08-08 JD1992 春季小综合楼方案 B 平面图

本图为方案 B 平面图，本方案较方案 A 而言，楼梯的数量减少，在平面表达上很简单，用十字交叉表达承重柱。清楚标注轴线尺寸。

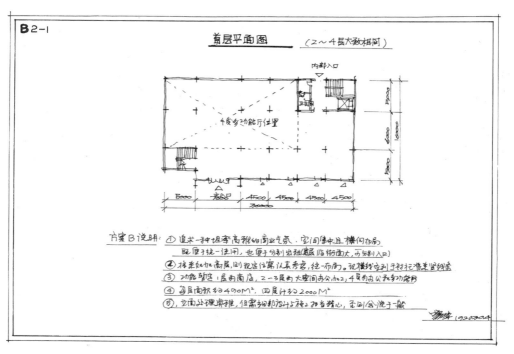

图 08-08

图 08-09 JD1992 春季小综合楼方案 B 透视图

本图尝试用线条的手法表现夜景，突出以直向线条组织为主的立面之活泼。

将玻璃窗虚化，只画窗棂，在夜景建筑内部光线的照射下，窗棂看得比较清晰。实体部分用斜线强调厚重和背光。地面的倒影、中景的车、近景的人物、人物的光影效果都注重图面的向心性。

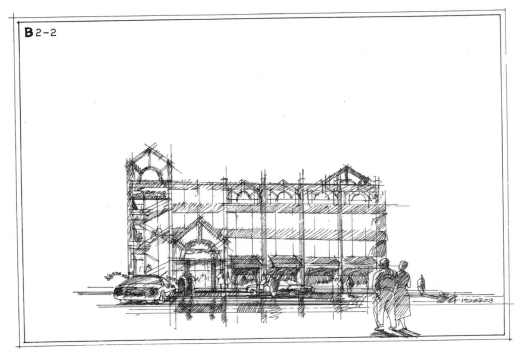

图 08-09

图 08-10　JD1992 春季小综合楼方案 C 平面图

图面使用平面、说明文字，以及对未来发展等进行说明。

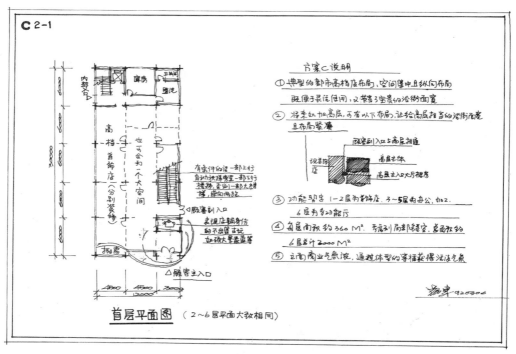

图 08-10

图 08-11　JD1992 春季小综合楼方案 C 透视图（右图）

本图是方案三的透视图，直线的组合交接部分画得比较清楚明确。

近景部分用了尺度较大的车，中景则用了车、人结合的配景。

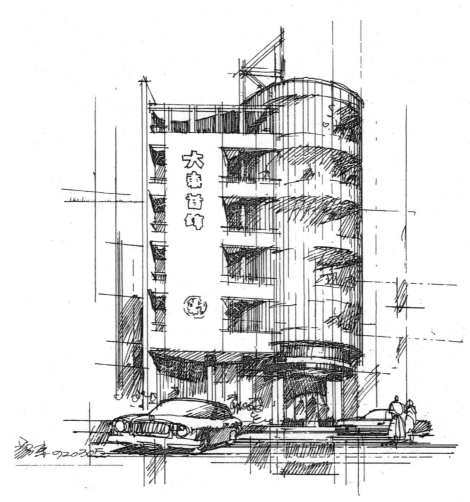

图 08-11

8.5 环境塑造与氛围品质

"随手"是指不刻意地但经常地动手，继而在动手的日积月累的过程中，自觉不自觉地形成习惯，进而有意识去改进习惯的方法与手法。

构图、环境、气氛，包括汽车配景的放置、人物的朝向及形态等，这些细节都应用心去组织，要根据自己的设计来安排这些东西，进而深化设计。

一句话，随手，首先是动手。

图 08-07 中配景车与人向心布置，在入口下使用了一些较乱的线条，表达入口处的光线变化，而在地面部分用了规则的线条表达立面的倒影，这个倒影不是具象的立面轮廓，而是用抽象线条组合烘托建筑。图 08-09 是夜景透视，一层入口处光线比较亮，其他部分则比较暗，与上边玻璃的亮形成对比。近景人物的背部阴影，线条上密下疏，表达一些地面反光。在左侧画了配景车，车背部斜线将车窗玻璃质感有所体现，也符合整体的光影感觉。

配景车与建筑的距离较近，所以线条的组织应和建筑一致，近景的车由于与建筑有一个角度的交叉，因此在线条的疏密感上稍微强调了它的形体。

图面的视点定得较低，可以使配景组织相对平稳。

8.6 手中的快乐

图 08-12　JD1992 春季小综合楼方案 D 透视图（右图）

本图强调一个大的水晶体穿插于两块岩石当中的感觉，线条组织比较密集，用针管笔在硫酸纸上作图，用刀片在硫酸纸上刮出的划痕表示建筑内部的灯光、玻璃幕墙，线条组织以素描关系把水晶体几个面的晶莹剔透的感觉表达出来。

一句话，手法或许是偶然形成的，前提是不懈地去画，这就是手中的快乐。

图 08-12

8.7 不同尺度的快速深入

不同的建筑师，面对不同的环境条件、不同的建筑有不同的设计思路，要在设计中追求自己的个性。而徒手线条表达则是围绕不同设计进行的。

对于大尺度的设计表达，可以相应地有自己的一些专门的手法。

图 08-13 ~ 图 08-15 是某小区的组团设计，包括住宅和公建。

图 08-13　JD1993 春季某组团方案首层平面图（右图）

本图是住宅小区组团的总平面，标注的尺寸都是建筑整体轴线的大尺寸，首层平面图与总平面图相结合，设计内容表达清晰。

商场采用大空间大柱网，住宅楼采用剪力墙结构。

场地的左下角保留了原有建筑，左上角布置了具有传统风格的茶室与展厅，与商场交接。

茶室、展厅、棋牌室组成了社区中心，其室内、外空间的交融，可以体现出临摹苏州园林的影响。因此，日积月累的训练，对于设计是很重要的。

右下角是一个幼儿园，室内设置了一组坡道。

用 0.6 号针管笔表达空间主体边界和柱子，0.3 号针管笔表达其他设计内容。

使用尺规作图，其实，尺规辅助作图也是徒手线条表达的一种类型。

总体一层平面图、单元内部、单元组合的系列表达，是一种逻辑关系，而在设计过程中，这些内容是可以同时推进的。

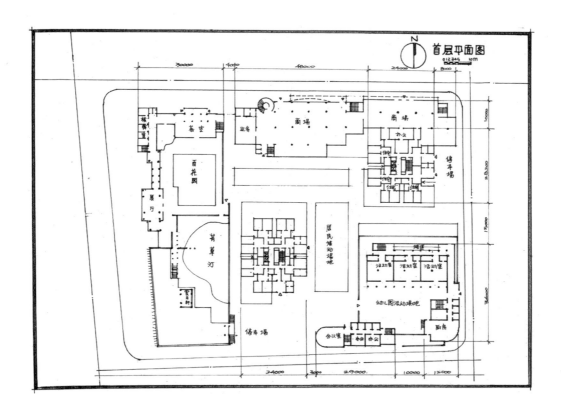

图 08-13

图 08-14　JD1993 春季某组团方案住宅单元图

　　这是一个可以互为镜像的一半平面，而其本身也是由可以互为镜像的基本结构组成的，可以据此形成一系列户形变形，原则是基本结构不变。本图表达了各个墙体之间的尺寸关系，阴影部分是公共交通部分，将承重墙涂黑进行强调。

　　需要说明一点，当时的面积要求与设计标准或许不同于今天的要求。

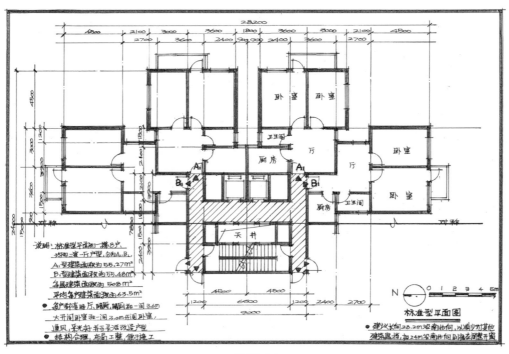

图 08-14

图 08-15　JD1993 春季某组团方案住宅单元组合图

本图的工作基础是前一张图,基本结构不变,通过开口(门洞)的不同来形成不同的户型,而保持整体外形基本不变。在基本结构体系确定后,通过不同的开口来实现空间变化。

与前面的几张图面相比,能够看到设计在不同表达尺度之间的图面逻辑关系。

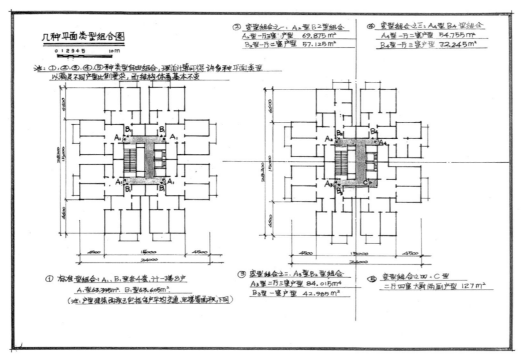

图 08-15

8.8　不要过分依赖电脑

计算机的广泛使用为我们提供了很大的便利，很多设计手法，似乎脱离了计算机很难实现，但是新的设计手法当中也有计算机所不能包含的。

面对不同的设计项目时，选择一种有效的途径，无论是徒手还是计算机，可以快速地、准确地和自己的大脑思维保持协调，是最主要的原则。

无论是规则的计算机制图，或者依托各类参数"生成"的非线性"设计"，还是严谨的手工制图，还是徒手线条表达，都是设计的一种有效途径。

不能单纯地排斥哪种方式或者依赖哪种方式，也就是说我们不能排斥计算机，但不能过分依赖计算机。

8.9　最基本的还是空间与形体

前面我们谈到了不同尺度对应不同手法，但最基本的还是要表达空间和形体，以图 08-16 ~ 图 08-18 的商场设计为例。

图 08-16　JD19930419 百园商场首层平面图（右图）

本图是一个商场首层平面图，场地为一个大的路口的转弯部分，建筑面积不大，而应甲方要求有许多功能。

图面线条组织活泼，每条线都表达了一个内容，几乎没有多余的线，两条细的弧线表达了用地边界、建筑红线，右边的尺寸线对一些基本形体进行了定位。

墙体部分用粗细不同的线条表达承重与非承重墙的区别，柱网的排列在外弧线比较密集，而内弧线则进行了减柱处理。在写字楼出入口处用虚线表达了雨棚的位置。

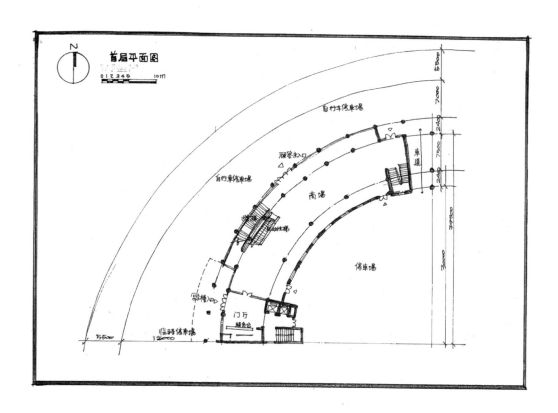

图 08-16

图 08-17 JD19930419 百园商场二至五层平面图

本图表达弧形空间组织。右侧平面，结合楼梯和边角部分进行造型处理。

如果习惯于去死记硬背别人的透视和平面，而不重视在自己的设计中进行统一的组织，不利于快题设计能力的提高，也不利于设计水平的整体提高。

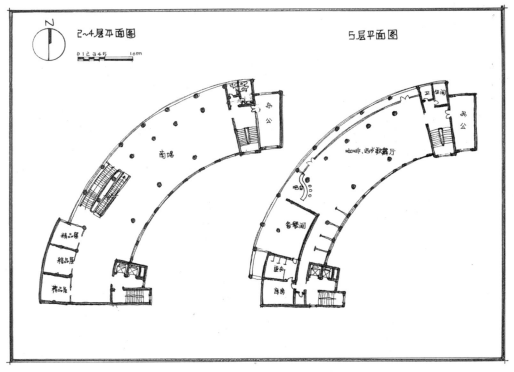

图 08-17

图 08-18　JD19930419百园商场透视图

本图以钢笔线条为主，配以马克笔和水彩共同完成。

地面配景车的组织比较有序，配景人的组织也注重不打破建筑的主体效果。

图 08-18

9　风格与意境

　　建筑设计，在满足功能与环境要求的同时，应该追求一些个性的东西。个性有两个涵义，第一个是建筑设计本身的个性，第二个是设计者本身设计的个性。而设计者对建筑的理解，其结合点是最重要的。徒手线条表达持之以恒，自然会体现这个结合点。

　　一句话，风格与意境，来自不停地动手。

9.1　风格

　　图 09-01 ~ 图 09-03 是一组别墅设计，根据地段和甲方的要求采取截然不同的两种风格。两张图的表现手法完全相同，都用毛笔绘制，充分运用了传统毛笔的灵活性，用同一种传统工具风格表达了两种不同的建筑风格。

　　对照本书开头，可见图 09-02、图 09-03 是图 01-03 的局部。

　　图 09-01　JD1992 秋季苗寨风格别墅设计方案透视（右图）

　　本图苗寨风格的方案汲取了传统民居的一些特点，而结构手法是现代建筑的手法，利用坡地做了一个亲切的小尺度形体组合。

　　毛笔线条本身的柔和性加强，连续性也加强。二层到三层的出挑部分，采用木质结构，毛笔线条可以将木结构逻辑关系表达清楚。

　　苗寨风格的屋顶和欧式风格的屋顶的处理不同：前者采用传统的灰黑色烧制筒瓦，使用纵向线条组合；后者采用彩色油毡瓦，使用了横向连续断线。

　　同样的笔法、同样的工具风格，可以表达不同的内容、不同的建筑风格。

图 09-01

图 09-02

9.2　丰富的线条

图 09-02　JD1992 秋季欧式风格别墅设计方案透视局部 01

设计了图案化的铁艺花墙，近景的绿化用比较放松的笔法，远处的绿化则用乱而密集的笔法。在绿化之间放置了两个配景人物，用以衬托建筑本身。

首先画得密不透风，画到一定程度，自然可以"疏可跑马"。

9.3　不同的词汇

图 09-03　JD1992 秋季欧式风格别墅设计方案透视局部 02（右图）

毛笔独特的灵活性，粗细相宜，续断自如，与建筑设计语素有对应。

一句话，不同的线条组合表达不同的建筑词汇及不同的设计内容。

图 09-03

9.4　线条与文字组合

中国的文字经历了几千年丰富的演化，其美妙之一在于它的线性结构之美。我们运用线条表达形体也早有巨大的成就，如永乐宫的壁画，连续几米长的线条，令今人叹为观止。

一句话，我们的文化中的线条及文字之美是悠久而璀璨的。

我们总是会主动地或潜意识地受到线性审美的影响。

图 09-04　JD1991 夏季徽居风格别墅设计方案平面图（右图）

把平面图和设计说明组织在一张图面上，把规则的尺规作图与空心的模仿毛笔效果的文字说明结合在一起，产生了独特的效果。

设计总体呈"L"形布局，围绕着客厅布置诸多功能，向外自然延伸出多个出平台。

使用粗细不同的线条，辅以一些尺寸的标注。诸多细部的设计与表达，整个风格是一致的。大客厅小圆柱的运用，自然划分了四个内容：壁炉、钢琴、会客、会谈。

线条是有一定意境的，当它达到一定程度时能反映一个人的修养。

东西方线条的意境有所不同，但是相同的是都是用以描绘形体，为形体服务的。相对而言，东方的线条更多是表达一种符号与情感，而西方线条更多是一个几何形体的描述，线条到一定程度其感觉可谓五彩缤纷，但是没有必要刻意追求线条的意境。

一句话，线条审美理解，乃至建筑方面的理解，不是刻意强求的，而是积累到一定程度自然而有、循序而变、不断深入的。

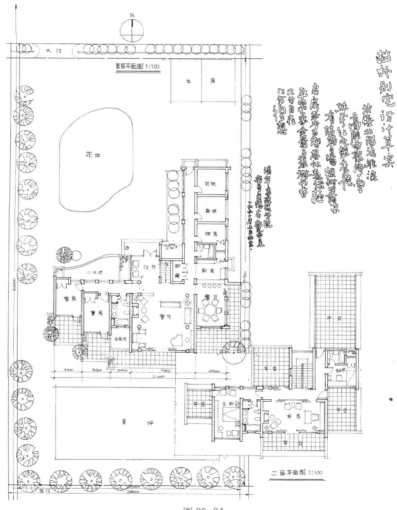

图 09-04

9.5 线条与建筑的和谐

图 09-05 JD1991 夏季徽居风格别墅设计方案透视图局部

设计学习了徽州民居，而使用了现代材料。墙体采用了微颤的手法，表达徽居风格承重墙的抹灰质感。屋顶瓦片画得比较方正，表达尝试用一种新的瓦片或石片。近景的冬青画得比较规矩、比较宁静。整个设计和表达的特点都是比较谦和而宁静的。

一句话，表达始终跟着设计走。

图 09-05

9.6 我们的聚落

村庄田舍是典型的传统聚落，其淳朴秀美往往吸引我们的画笔，其自然有序的营建逻辑不断给我们启迪，其面临的问题也给我们许多深思，有时候这种深思也转化为一定的行动。

笔者于 1990～1993 年三年在清华大学进行硕士研究生学习，跟随单德启先生，参与了广西壮族自治区融水苗族自治县民居改建工作，参与了整垛寨、田头屯的一些具体工作，这些工作包括在导师的指导下，绘制田头屯改建设计的图纸。

图 09-06 和图 09-07 是田头屯现状平面图、田头屯规划平面图，运用了一些手法。

时间：1992 年春季（研究生二年级）　　图幅：A1 稍大

工具：针管笔，硫酸纸，丁字尺、三角板等辅助工具

表达过程是一个精心组织的过程。其一，根据测绘图整理等高线，并在硫酸纸上绘制出来，采用硫酸纸复印成多张底图。其二，根据测绘图和现场踏勘情况，绘制各家各户的住房及附属建筑屋顶平面。在这个过程中笔者发现，有许多建筑有相似性很高形状甚至形状完全相同。继而，归纳了若干类型，每个类型用针管笔绘制，然后复印。其三，把复印好的屋顶平面粘贴在硫酸纸底图上。根据现场踏勘资料和照片，逐个修正各个建筑物及其外部空间之间的关系，特别是室外空间的变化。最后，再拿去复印，形成完整的现状总平面图。

对于整体的村落的描述，徒手线条表达很有用武之地。貌似无奇的总平面，线条的作用非常之大，在线条组织的黑、白、灰中，体现出聚落形态的密集和疏放、聚落空间的方正和转折、聚落生活的紧凑和舒缓。这就是我们聚落的味道。

一句话，保护延续"我们聚落的味道"。

图 09-06　JD1992 夏季田头屯现状平面图

　　本图根据测绘图整理整个地形的等高线，在硫酸纸上绘制出来。同时，根据测绘图和现场踏勘情况，绘制各家各户的住房及附属建筑屋顶平面。在此过程中，笔者发现许多现状建筑屋顶有很高的相似性甚至相同。

　　一句话，用心组织线条，进行线条的再组织，在平实中表达我们聚落的味道。

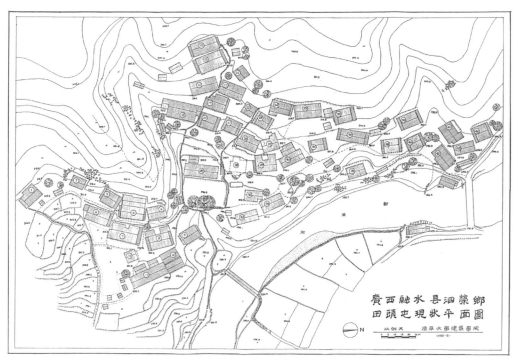

图 09-06

图 09-07 JD1992 夏季田头屯规划平面图

规划严格按照原有用地的方位，这是设计的核心思想，不轻易地改变其宅基地的位置和朝向，更不能因为改建将宅基地无限制扩大，而只进行适当的调整。因为采用多层的建筑形态，因此宅基地在原有基础上缩小了，增大了建筑与建筑之间的间距。

一句话，我们聚落的味道应是鲜活而延续的，线条表达是和谐营造的载体。

图 09-07

9.7 走在田头

在大自然中历尽沧桑自然形成的聚落总有一种自然而神秘的亲切感。

田头屯建筑均为吊脚木楼式民居，布局错落有致。

出得村寨，走在田埂，回望过去，丘壑叠翠，木楼有致，碧绿稻田，自然漫延。

走进田头，内心祥和、平静、心旷神怡，不由得下决心画一幅大的全景式钢笔画。

图 09-08　JD1992 夏季田头屯写生（右图）

本图是长幅为 1 米多，高幅为 40 厘米的钢笔画。笔者在现场做了大量的徒手画记录，使用当时很宝贵的胶卷，精心拍摄了一组照片，进行系统的整理，绘制而成。

本图在构图上采取浑厚求拙的方式，内容均以中景为主，依次有木楼、小丘、绿化，不求布局奇峻，而在于木楼、小丘、绿化及配景的各自刻画与交融。

用笔较密，主体木楼处理线条厚重，特别是屋顶。屋顶有瓦片与木片两种形式，有瓦片和木片的材质区别，还有同一材质的表达。

电线杆、断断续续的石头路表达出空间进深。

小丘及绿化的表达采用几种手法均匀地穿插，并以绿化轮廓表达小丘轮廓。

其一，表达竹子的手法，笔者尝试过多种，运用类似表达树木的手法。其二，表达大树的手法，稍加浓重一些，与竹子区分，增加趣味。其三，表达很小的树及灌木的手法，轻快活泼。

这三种手法采用"堆"的方式组织起来，有变化、有趣味的绿化轮廓也就是小丘的轮廓，局部又运用了一些横向的线条表达小丘的土质肌理。左边，建筑物与小丘自然地结合在一起。右边，建筑物与小丘之间有距离，增加了空间进深和趣味。

一句话，线条也可以是有意境的。

图 09-08

9.8 让我们的手自在

画了许多仔细认真、表达"到位"的线条图，再随意放松一下去画一些说不清是什么的内容，会蓦然有一种自在的感觉。这种感觉是很偶然的，却如清新的空气，让自己以前许多缜密细致的训练变得鲜活起来。

图 09-09 JD19930606 在包裹草图的封皮上勾画（右图）

时间：1993 年春季（研究生三年级） 工具：马克笔、绘图纸

本图是包裹草图的封皮，是一个随手而就的作品，内容是似是而非的房子，笔者使用各种颜色的马克笔随手写了一些符号，过程充满趣味。

一句话，与缜密细致的绘画对应，随意的勾画也是一种意境。

无论是缜密绘画，还是随意勾画，都需要投入和专注。

其一，把图画得满一些。要有表达的愿望与自律，适当坚持只使用纯线条作为"唯一方式的表达"；在线条组织上，不要一开始就追求"少就是多"，首先"密不透风"，渐渐才可"疏可跑马"；在一遍一遍的重复中坚持，蓦然回首，会发现无意中有了一些超越。

其二，把图画得乱一些。把徒手线条表达作为建筑设计的入门途径之一，而不是一张画；要有对自己表达的不满，设计的推敲不可能一蹴而就，而是一个勤奋的过程；乱是必然的，在乱中出现自己的设计，在乱中出现适合设计的线条，真实的才是作品。

其三，把图画得感动自己。要始终围绕设计去组织线条，不要流于形式，在形体描绘上要有严格的自律；在坚持、投入、专注中，自然形成自己的风格、意境、模式，进入自在的境地。要有表达的自信，不断深入，感动自己，才可打动别人。

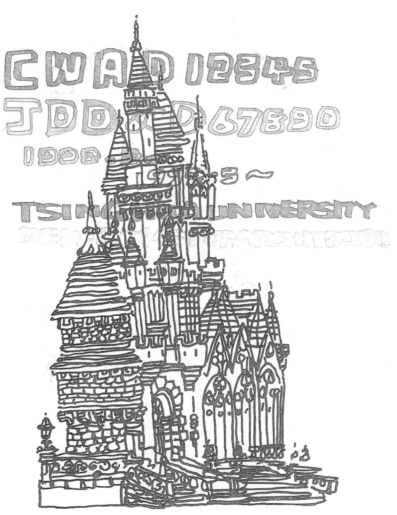

图 09-09

9.9 专注是最大的技巧

徒手线条表达的学习，路很短，也很长。至此，把本书中的有些话重复一遍：

随身携带最基本的笔和纸，是一种专业素质。

在轻松中开始，直奔形体去画。要轻松，要观察，要思考。

从轮廓开始，肯定地描绘出"边界"，将建筑形体特征非常明确地表达出来。

用非常肯定甚至笨拙的线条将建筑空间边界肯定。

选择临摹对象不要以线条帅气为唯一标准，而要以形体结构清晰为原则。

徒手线条表达，是设计思维的载体，也是设计过程本身。

人是万物之灵，徒手的线条表达的快速性也在于此。

一天一天的积累中，对设计的兴趣在形成。

配景与人物各得自在，却有一种内在的默契，这也是对建筑的诠释。

精心组织环境并依据设计需要调整配景比例及表现形式。

手，是最古老、最直接、最有效的意志的延伸和思想的实现者。

画的过程中出现房子，过程中越来越多地体会又落实在围合界面的组织上。

最笨的方法也是最有效的方法。

再画一遍，再改一次，可能没有"用"，但又积累了一点点。

画大图，在大图上画。

让思绪流畅，图面可以潦草，关注于将诸多细部确定下来。

把重点放在推进设计上，疏密自然。

运用不同的画法表现不同的形体。

学习用图例说明设计。

从看明白到想明白需要一个过程，想明白之后还需要画明白，这就是第二个过程。

有设计地使用线条组织图面。

还是那句话，将构件画清楚，肯定构件的交接处。

徒手线条表达到一定境界，风格自现。

提高快题设计能力，需要一个稳定的时间段进行训练，不可一蹴而就。

快题设计不是一张画，其形式是一张图，而其实质是各方面能力的限定体现。

即使是 1 个小时的快题，也必须有独立的 5～10 分钟来做草图。

太过功利的训练并不利于快题设计能力的提高。

表达即设计，一个空间界面，其实是由若干细部组成的。

较长时间的课题训练对提高短时间快题设计的能力很有意义。

积极面对不同的设计，没有必要去拔苗助长地追求自己表达的特点。

徒手线条表达一定要根据自己的设计来组织线条。

方法比手法更重要，而手法又比风格重要，依次自然形成。

风格与意境，来自不停地动手。

不要刻意追求线条的意境，每一个人的线条意境也是不同的。

回归线条的本质，专注是最大的技巧。在信息贫乏的过去，因为环境条件的寂寞，做到专注比较容易；而在信息丰富乃至泛滥的今天，环境的条件变得五彩缤纷，要做到专注，需要寻找寂寞。

一句话，过去，因为寂寞而专注，今天，寻找寂寞而专注。

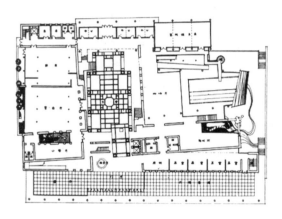

后记　浅谈设计养成

　　设计养成，是指通过日积月累的训练达到一个相对稳定的素质平台。

　　设计养成，徒手线条表达始终是一个途径、一个根本。正如计算机的某些能力是人手、眼、脑的能力不可同比的一样，人之手、眼、脑的快速协调是人和计算机之间的协调无法比拟的，这是笔者一直认为计算机不可能取代徒手线条表达和设计工作模型之所在。

　　希望本书对建筑设计初学者之"徒手线条表达"有一个综合的、坚实的、长效的作用。

　　本书所指徒手线条表达，并不排斥适当使用丁字尺、三角板等辅助工具。辅助工具并不重要，关键是要在对形体有逻辑的一笔一画的描述当中，培养准确形体表达的能力和对形体设计的潜在意识。要把图画得密而不是疏，首先要追求密不透风的扎实，才可出现疏可跑马的境界。

　　本书所选案例图纸均为笔者 1983~1988 年五年本科学习、1990~1993 年三年硕士研究生学习的设计草图、快题设计和一部分线条表达特色鲜明的正式图纸。选用这些图纸，是因为笔者可以密切结合自己的切身体会，更好地从表达手法与设计手法相结合的角度来进行讨论。

　　现实中，许多设计完成的时间跨度并不是几个小时的快题设计时间，而是几天、几个星期，甚至十几个星期。而这种有一定时间长度的综合训练是提高"快题设计"的根本途径。

　　任何事情都不是一蹴而就的，任何学习的过程也不是简单的临摹几张图纸所能达到的。

　　整理书稿的过程，也是回顾大学至研究生的学习之路的过程，也是反复自我追问的过程。

　　感谢母校清华大学，感谢在母校受到的五年本科教育和三年研究生教育，感谢母校的老师和同学。特别感谢我的研究生导师单德启先生，感谢单先生传授知识、指点人生，还感谢单先生在徒手线条方面对我的面授耳醒。而在整理本书稿件之时，也常再读先生的经典作品，仍受益匪浅，仍从一笔一画中得到无言教诲。先生之作，功力至深不可窥，风格自雅唯多叹。

　　再次感谢以单先生为代表的清华前辈。

贾　东

2009 年（农历己丑牛年）5 月 2 日于北京